푸리에가 들려주는 삼각함수 이야기

수학자가 들려주는 수학 이야기 49

푸리에가 들려주는 삼각함수 이야기

ⓒ 송륜진, 2008

초판 1쇄 발행일 | 2008년 12월 12일
초판 24쇄 발행일 | 2023년 6월 1일

지은이 | 송륜진
펴낸이 | 정은영
펴낸곳 | (주)자음과모음

출판등록 | 2001년 11월 28일 제2001-000259호
주소 | 10881 경기도 파주시 회동길 325-20
전화 | 편집부(02)324-2347, 경영지원부(02)325-6047
팩스 | 편집부(02)324-2348, 경영지원부(02)2648-1311
e-mail | jamoteen@jamobook.com

ISBN 978-89-544-1592-7 (04410)

수학자가 들려주는 수학 이야기

49

푸리에가 들려주는

삼각함수 이야기

| 송 륜 진 지음 |

㈜자음과모음

수학자라는 거인의 어깨 위에서
보다 멀리, 보다 넓게 바라보는 수학의 세계!

수학 교과서는 대개 '결과'로서의 수학을 연역적으로 제시하는 경향이 강하기 때문에 학생들은 수학이 끊임없이 진화해 왔다는 생각을 하기 어렵습니다. 그렇지만 수학의 역사는 하나의 문제가 등장하고 그에 대해 많은 수학자들이 고심하고 이를 해결하는 가운데 새로운 아이디어가 출현해 온 역동적인 과정입니다.

〈수학자가 들려주는 수학 이야기〉는 수학 주제들의 발생 과정을 수학자들의 목소리를 통해 친근하게 이야기 형식으로 들려주기 때문에 학생들이 수학을 '과거 완료형'이 아닌 '현재 진행형'으로 인식하는 데 도움이 될 것입니다.

학생들이 수학을 어려워하는 요인 중의 하나는 '추상성'이 강한 수학적 사고의 특성과 '구체성'을 선호하는 학생의 사고의 특성 사이의 괴리입니다. 이런 괴리를 줄이기 위해서 수학의 추상성을 희석시키고 수학 개념과 원리의 설명에 구체성을 부여하는 것이 필요한데, 〈수학자가 들려주는 수학 이야기〉는 수학 교과서의 내용을 생동감 있게 재구성함으로써 추상적인 수학을 구체성을 갖는 수학으로 변모시키고 있습니다. 또한 중간중간에 곁들여진 수학자들의 에피소드는 자칫 무료해지기 쉬운 수학 공부에 있어 윤활유 역할을 할 수 있을 것입니다.

〈수학자가 들려주는 수학 이야기〉의 구성을 보면 우선 수학자의 업적을 개략적으로 소개하고, 6~9개의 강의를 통해 수학 내적 세계와 외적 세계, 교실 안과 밖을 넘나들며 수학 개념과 원리들을 소개한 후 마지막으로 강의에서 다룬 내용들을 정리합니다. 이런 책의 흐름을 따라 읽다 보면 각 시리즈가 다루고 있는 주제에 대한 전체적이고 통합적인 이해가 가능하도록 구성되어 있습니다.

〈수학자가 들려주는 수학 이야기〉는 학교 수학 교과 과정과 긴밀하게 맞물려 있으며, 전체 시리즈를 통해 학교 수학의 많은 내용들을 다룹니다. 예를 들어 《라이프니츠가 들려주는 기수법 이야기》는 수가 만들어진 배경, 원시적인 기수법에서 위치적 기수법으로의 발전 과정, 0의 출현, 라이프니츠의 이진법에 이르기까지를 다루고 있는데, 이는 중학교 1학년의 기수법의 내용을 충실히 반영합니다. 따라서 〈수학자가 들려주는 수학 이야기〉를 학교 수학 공부와 병행하면서 읽는다면 교과서 내용의 소화 흡수를 도울 수 있는 효소 역할을 할 수 있을 것입니다.

뉴턴이 'On the shoulders of giants'라는 표현을 썼던 것처럼, 수학자라는 거인의 어깨 위에서는 보다 멀리, 넓게 바라볼 수 있습니다. 학생들이 〈수학자가 들려주는 수학 이야기〉를 읽으면서 각 수학자들의 어깨 위에서 보다 수월하게 수학의 세계를 내다보는 기회를 갖기 바랍니다.

홍익대학교 수학교육과 교수 | 《수학 콘서트》 저자 박 경 미

세상의 진리를 수학으로 꿰뚫어 보는 맛
그 맛을 경험시켜 주는 '삼각함수' 이야기

《푸리에가 들려주는 삼각함수 이야기》는 삼각함수를 이해하기 위한 수학적 기초 지식부터 삼각함수의 개념, 삼각함수의 여러 가지 성질, 그래프, 삼각방정식과 부등식 그리고 실생활의 응용까지 차근차근 사고의 흐름에 맞게 소개하고자 하였습니다.

학생들은 삼각함수 내용을 많이 어려워하고 때로는 기계적으로 문제 풀이에만 열중합니다. 사실 삼각함수는 아주 오래전부터 우리의 필요에 의해 탄생되었고 수학적 발전을 거듭하며 지금의 모습을 갖추게 되었습니다. 이렇게 삼각함수에 대한 역사적 고찰에서 시작하여 여러 가지 삼각함수의 내용을 살펴보고 더 나아가 삼각함수가 여러 공학, 물리학, 음악 등 다양한 분야에 사용된다는 것을 소개하며 학생들의 학습 의욕을 고취시키고자 하였습니다.

2008년 12월 송 륜 진

차례

추천사 · **04**

책머리에 · **06**

길라잡이 · **10**

푸리에를 소개합니다 · **22**

1 첫 번째 수업
일반각의 정의 · **31**

2 두 번째 수업
삼각함수의 정의 · **53**

3 세 번째 수업
삼각함수의 성질 · **75**

4 네 번째 수업
sin함수의 그래프 · **95**

5 다섯 번째 수업
cos함수의 그래프 · **113**

6 여섯 번째 수업
tan함수의 그래프 · **131**

7 일곱 번째 수업
삼각방정식과 삼각부등식 · **147**

8 여덟 번째 수업
삼각함수의 응용 · **167**

1 이 책은 달라요

《푸리에가 들려주는 **삼각함수** 이야기》는 삼각함수를 이해하기 위한 기초 지식부터 삼각함수의 개념, 삼각함수의 여러 가지 성질, 그래프, 삼각방정식과 부등식 그리고 실생활의 응용까지 차근차근 사고의 흐름에 맞게 소개하고자 하였습니다. 학생들은 삼각함수를 많이 어려워하고 때로는 기계적으로 문제 풀이에만 열중합니다. 사실 삼각함수는 아주 오래전부터 필요에 의해 탄생하였고 수학적 발전을 거듭하며 지금의 모습을 갖추게 되었습니다. 다시 말해 천재적 재능을 가진 수학자들의 머리에서 어느 날 갑자기 만들어진 학문이 아니라는 것입니다. 그러나 우리 학생들은 삼각함수의 정의와 공식을 외우고 기계적으로 문제를 풀면서 '도대체 이렇게 복잡한 내용을 왜 공부해야 하는 걸까?', '이걸 배워서 어디에 써먹지?' 라고 생각하는 경우가 많습니다.

《푸리에가 들려주는 삼각함수 이야기》에서는 삼각함수가 탄생된 배경을 소개하여 학생들 스스로 '아, 이러한 필요에 의해 삼각함수를 사용하게 되었구나!' 라고 생각하며 학습의 동기를 가질 수 있도록 하였습니다. 수학에서는 꼭 외워야 할 최소한의 내용들이 있습니다. 이러한 것들은

학생들이 잘 기억하고 사용할 수 있어야 하지요. 예를 들면 삼각함수의 정의나, 삼각함수의 특수한 값들, 특수한 삼각함수의 성질, 삼각함수에서 사용되는 여러 가지 수학적 기호 등입니다. 그러나 모든 공식을 그대로 암기한다든지, 그래프에서 쉽게 구할 수 있는 내용을 그대로 공식화하여 암기하는 것은 바람직하지 않습니다. 이 책은 이러한 내용들을 쉽게 이해할 수 있도록 예를 들어 충분히 설명하고 공식이 유도되는 과정을 이해할 수 있도록 하였습니다.

학생들은 삼각함수를 배워 도대체 어디에 사용하는지조차 모르는 상태에서 그 내용을 공부하는 경우가 많습니다. 이 책에서는 삼각함수가 여러 공학, 물리학, 음악 등 다양한 경우에 사용된다는 것을 간단히 소개하며 학생들의 학습 의욕을 고취시키고자 하였습니다.

2 이런 점이 좋아요

1 체계적인 도입, 이야기 형식의 쉬운 설명 전개, 핵심 내용 정리 등의 구성으로 학생들이 삼각함수의 개념을 잘 형성하며 쉽게 이해하고 기억할 수 있도록 하였습니다.

2 수학사적 고찰, 여러 적절한 예제, 그래프의 탐구, 실생활 또는 여러 학문에 사용되는 경우 등 다양한 수학적 자료를 제공하여 학생들이 풍부한 수학적 배경을 가지고 삼각함수를 이해할 수 있도록 하였습니다.

3 각과 함수의 개념, 비례식의 원리 등과 같은 삼각함수를 이해하기 위한 기초 개념부터 실제 어떠한 분야에 삼각함수가 응용되는가를 소개함으로써 초등학교 고학년부터 고등학생 또는 일반인까지 통찰력 있는 학습을 할 수 있도록 하였습니다.

교과 과정과의 연계

구분	단계	단원	연계되는 수학적 개념과 내용
초등학교	3-가	각과 평면도형	· 각의 정의 · 여러 가지 평면도형의 정의 및 성질
	4-가	시간과 각도	· 각도 구하기
	5-나	합동과 대칭	· 여러 가지 합동의 정의와 합동 찾기 · 여러 가지 대칭의 정의와 대칭 찾기
	6-나	원주율과 원의 넓이	· 원주율의 정의 · 원의 넓이 구하기
중학교	7-가	기본도형	· 여러 가지 기본도형과 기본도형의 성질
	8-나	도형의 닮음	· 닮음의 정의와 여러 가지 성질
	9-나	원의 성질 피타고라스의 정리 삼각비	· 원의 성질 · 피타고라스의 정리와 그 응용 · 삼각비의 정의와 특수한 삼각비의 값 구하기

구분	단계	단원	연계되는 수학적 개념과 내용
고등학교	10-나	함수 삼각함수 삼각함수의 응용	· 일반각과 호도법 · 삼각함수의 정의 및 성질 · 삼각함수의 그래프 · 삼각방정식과 삼각부등식 · 사인법칙과 코사인법칙 · 삼각형의 넓이
	수학 Ⅰ	행렬	· 행렬의 정의와 행렬성분이 삼각함수인 여러 경우
	수학 Ⅱ	벡터	· 벡터의 정의
	미분과 적분	삼각함수 삼각함수의 극한 미분법 적분법	· 삼각함수의 정의 및 여러 가지 성질 · 삼각함수의 극한 · 삼각함수의 미분 · 삼각함수의 적분

4 수업 소개

첫 번째 수업 _ 일반각의 정의

삼각함수를 학습하기 전에 시초선과 동경의 개념을 도입한 일반각에 대하여 학습합니다. 또한 이전에 배웠던 육십분법 외에 호도법으로 각을 나타내는 방법에 대하여 학습하며 육십분법과 호도법 사이의 관계를 살펴봅니다.

- 선수 학습
  - 각의 개념을 알고, 육십분법으로 나타낼 수 있어야 합니다.
  - 여러 가지 평면도형의 성질을 알고 있어야 합니다.
  - 비례식의 개념을 알고 있어야 합니다.

- 공부 방법
  - 일반각의 개념을 이해하고 동경의 크기를 일반각으로 나타낼 수 있도록 연습합니다.
  - 각을 나타내는 새로운 방법인 호도법의 개념을 이해하고 육십분법을 호도법으로, 호도법을 육십분법으로 바꿀 수 있도록 연습합니다.
  - 호도법으로 나타낸 각은 그 단위로 라디안을 사용한다는 것을 기억합니다.
- 관련 교과 단원 및 내용
  - 10-나 '삼각함수' 단원의 내용을 기초 개념으로 하고 있습니다.

두 번째 수업_삼각함수의 정의

고대로부터 이어져 내려오는 삼각함수의 역사를 살펴보며 삼각함수의 필요성, 중요성, 실생활과의 관련성 등을 생각해 봅니다. 또한 이전에 삼각비의 개념을 통해 sin, cos, tan를 학습한 것을 다시 한 번 확인합니다. 그와 함께 원 위에서 동경이 나타내는 각에 대한 sin, cos, tan, cosec, sec, cot 값을 정의합니다.

- 선수 학습
  - 직각삼각형에서 삼각비의 개념을 알고 sin, cos, tan의 값을 구할 수 있어야 합니다.

– 일반각과 호도법에 대하여 알고 있어야 합니다.

– 함수의 개념에 대하여 알고 있어야 합니다.

• 공부 방법

– 이전에 배웠던 삼각비의 개념을 수학적으로 좀 더 확장하여 함수의 개념으로 삼각함수를 이해하도록 합니다.

– 함수의 기본적인 개념을 다시 한 번 기억하고, 6가지 삼각함수 sin, cos, tan, cosec, sec, cot의 값을 구하는 방법을 연습하여 익히도록 합니다.

• 관련 교과 단원 및 내용

– 9–나 '삼각비' 단원의 내용을 기초 개념으로 하고 있습니다.

– 10–나 '삼각함수' 단원의 내용을 기초 개념으로 하고 있습니다.

세 번째 수업 _ 삼각함수의 성질

삼각함수가 무엇인지 이해하고 각 함수에 대하여 그 값을 구할 수 있게 되었으면 삼각함수들 사이에는 어떠한 관계가 있는지 알아봅니다. 먼저, 주어진 각이 어느 사분면에 있는가에 따라 달라지는 함숫값의 부호를 살펴보고, 삼각함수들 사이의 관계식을 유도해 봅니다.

• 선수 학습

– 사분면의 각을 이해하고 각에 따라 삼각함수의 값을 구할 수 있어야 합니다.

－삼각함수의 개념에 대하여 알고 있어야 합니다.

• 공부 방법

－각이 몇 사분면에 있는가에 따라 삼각함수의 값의 부호가 달라지는 것을 이해하고 잘 기억해 둡니다.

－삼각함수 사이의 여러 관계에 대하여 식이 유도되는 과정을 이해하고 암기하여 식을 변형할 때 이용할 수 있도록 합니다.

• 관련 교과 단원 및 내용

－10-나 '삼각함수' 단원의 내용을 기초 개념으로 하고 있습니다.

네 번째 수업 _ sin함수의 그래프

삼각함수에 대하여 좀 더 깊이 있게 살펴보기 위해 먼저 sin함수의 그래프를 그려보고 그래프가 가지는 성질에 대하여 학습합니다. 또한 다양한 sin함수의 정의역, 치역, 주기, 최댓값, 최솟값, 평행이동, 그래프의 대칭성, 그래프의 모양 등을 살펴보는 과정을 통해 sin함수를 깊이 이해합니다.

• 선수 학습

－sin함수의 정의를 알고 있어야 합니다.

－일반적인 함수의 그래프를 그리는 방법을 이해하고 있어야 합니다.

－정의역, 치역, 주기, 최댓값, 최솟값, 평행이동, 대칭성 등의 개념을 알고 있어야 합니다.

- 공부 방법
  - 좌표평면 위에 sin함수의 그래프를 직접 그려봅니다.
  - sin함수의 그래프를 직접 그리며 여러 가지 성질에 대하여 생각해 봅니다.
- 관련 교과 단원 및 내용
  - 10-나 '함수' 단원의 내용을 기초 개념으로 하고 있습니다.
  - 10-나 '삼각함수' 단원의 내용을 기초 개념으로 하고 있습니다.

다섯 번째 수업 _ cos함수의 그래프

삼각함수에 대하여 좀 더 깊이 있게 살펴보기 위해 두 번째로 cos함수의 그래프를 그려보고 그래프가 가지는 성질에 대하여 학습합니다. 또한 다양한 cos함수의 정의역, 치역, 주기, 최댓값, 최솟값, 평행이동, 그래프의 대칭성, 그래프의 모양 등을 살펴보는 과정을 통해 cos함수를 깊이 이해합니다.

- 선수 학습
  - cos함수의 정의를 알고 있어야 합니다.
  - 일반적인 함수의 그래프를 그리는 방법을 이해하고 있어야 합니다.
  - 정의역, 치역, 주기, 최댓값, 최솟값, 평행이동, 대칭성 등의 개념을 알고 있어야 합니다.
- 공부 방법

- 좌표평면 위에 cos함수의 그래프를 직접 그려 보며 연습합니다.
- cos함수의 그래프를 직접 그려 보며 여러 가지 성질에 대하여 생각해 봅니다.

- 관련 교과 단원 및 내용
  - 10-나 '함수' 단원의 내용을 기초 개념으로 하고 있습니다.
  - 10-나 '삼각함수' 단원의 내용을 기초 개념으로 하고 있습니다.

여섯 번째 수업 _ tan함수의 그래프

삼각함수에 대하여 좀 더 깊이 있게 살펴보기 위해 마지막으로 tan함수의 그래프를 그려 보고 그래프가 가지는 성질에 대하여 학습합니다. 또한 다양한 tan함수의 정의역, 치역, 주기, 최댓값, 최솟값, 평행이동, 그래프의 대칭성, 그래프의 모양 등을 살펴보는 과정을 통해 tan함수를 깊이 이해합니다.

- 선수 학습
  - tan함수의 정의를 알고 있어야 합니다.
  - 일반적인 함수의 그래프를 그리는 방법을 이해하고 있어야 합니다.
  - 정의역, 치역, 주기, 최댓값, 최솟값, 평행이동, 대칭성 등의 개념을 알고 있어야 합니다.
- 공부 방법
  - 좌표평면 위에 tan함수의 그래프를 직접 그려봅니다.

－ tan함수의 그래프를 직접 그려 보며 여러 가지 성질에 대하여 생

　각해 봅니다.

• 관련 교과 단원 및 내용

－ 10-나 '함수' 단원의 내용을 기초 개념으로 하고 있습니다.

－ 10-나 '삼각함수' 단원의 내용을 기초 개념으로 하고 있습니다.

일곱 번째 수업 _ 삼각방정식과 삼각부등식

지금까지 학습한 삼각함수에서 삼각함수의 각의 크기를 미지수로 하는

방정식을 삼각방정식, 삼각함수의 각의 크기를 미지수로 하는 부등식을

삼각부등식이라고 합니다. 삼각방정식과 삼각부등식은 동경을 이용하

거나 그래프를 이용하여 조건에 맞는 해를 구합니다.

• 선수 학습

－ 방정식의 개념을 알고 방정식을 풀 수 있어야 합니다.

－ 부등식의 개념을 알고 부등식을 풀 수 있어야 합니다.

－ 삼각함수의 개념 및 여러 가지 성질, 특징을 알고 그것을 이용할

　수 있어야 합니다.

• 공부 방법

－ 삼각함수가 있는 방정식의 개념을 이해하고 이러한 삼각방정식

　을 풀어 조건에 맞는 해를 구할 수 있도록 합니다.

－ 삼각함수가 있는 부등식의 개념을 이해하고 이러한 삼각부등식

을 풀어 조건에 맞는 해를 구할 수 있도록 합니다.

- 관련 교과 단원 및 내용
  - 7-가, 8-가, 9-가, 10-가 '방정식' 단원의 내용을 기초 개념으로 하고 있습니다.
  - 8-가, 10-가 '부등식' 단원의 내용을 기초 개념으로 하고 있습니다.
  - 10-나 '삼각함수' 단원의 내용을 기초 개념으로 하고 있습니다.

여덟 번째 수업 _ 삼각함수의 응용

지금까지 배운 삼각함수가 실제로 어떤 분야에 응용되는지 몇 가지 에피소드를 통하여 알아봅니다. 실생활에 삼각함수가 어떻게 활용되고 있는지 살펴봄으로써 생활 속 수학에 대하여 실제로 느껴봅니다.

- 선수 학습
  - 삼각함수의 개념을 알고 있어야 합니다.
  - 삼각함수 간의 관계 및 여러 가지 성질을 알고 있어야 합니다.
  - 물리학에 관한 기초 지식을 알고 있어야 합니다.
- 공부 방법
  - 삼각함수의 응용 분야에 대하여 소개하는 것을 읽으며 수학이 실생활에 어떻게 적용되는지 깨닫습니다.
  - 수학과 다른 학문 간의 매우 밀접한 관계를 스스로 느끼는 기회

로 삼습니다.

- 관련 교과 단원 및 내용

 − 10−나 '삼각함수' 단원에 기초하고 있습니다.

푸리에를 소개합니다

Jean Baptiste Joseph Fourier (1768~1830)

나는 프랑스의 정치에도 많은 영향을 주었습니다.

또한, 열에 관한 실험을 하고

수학의 위대한 고전,

《열의 해석적 이론》을 발간하였습니다.

임의의 함수가 삼각급수로 표현될 수 있다는 푸리에 급수는

오늘날 수학뿐 아니라 다른 과학 분야와

실생활에서도 두루 응용됩니다.

요즘 가요에서 많이 사용되는 전자 악기도

푸리에 급수의 원리가 숨어 있답니다.

여러분, 나는 푸리에입니다

안녕하세요, 여러분. 만나서 반갑습니다. 나는 1768년 프랑스 오세르Auxerre에서 태어나서 1830년 파리에서 죽었습니다. 나의 아버지는 재단사였는데 내가 여덟 살이 되었을 때 부모님이 모두 돌아가셔서 고아가 되고 말았습니다. 그래서 베네딕트회사가 운영하는 군사학교에서 교육을 받았습니다. 후에 나는 이 학교에서 수학을 강의하기도 하였답니다.

나는 프랑스 혁명을 촉진시키는 데 일조를 하였으며 이 공로로 에콜 폴리테크니크의 교수가 되었습니다. 그러나 나는 나폴레옹의 이집트 원정을 수행하기 위하여 이 직책을 사임하였습니다. 그리고 1789년 하下이집트Lower Egypt지역의 총독에 임명되기도 하였습니다. 1801년 영국이 승리하고 프랑스가 항복함에 따라 나는 프랑스로 돌아와서 그르노블Grrenoble의 지사가 되었습니다. 내가 열에 관한 실험을 시작한 때가 바로 그르노블에 있던 때입니다.

1807년 나는 수학사에 있어서 새로운 장을 여는 논문 〈열의 해석적 이론〉을 프랑스 과학원에 제출하였습니다. 이 논문은 금속 막대기판, 덩어리에서의 열의 흐름에 관한 실제적인 문제를 다루었습니다. 나는 이 논문에서 유한 폐구간에서 정의된 임의의 함수는 사인과 코사인함수의 합으로 분해될 수 있다고 주장하였습니다. 임의의 함수는 구간 $[-\pi, \pi]$에서 어떻게 정의되었든 적당한 실수 a, b에 대하여 다음과 같이 표현될 수 있다는 것입니다.

$$\frac{a_0}{2} + \sum_{n=1}^{\infty} (a_n \cos nx + b_n \sin nx)$$

이 급수가 현재는 삼각급수trigonometric series 또는 푸리에 급수로 알려져 있는데 이는 당시 수학자들에게 전혀 새로운 개념은 아니었습니다. 실제로 성질이 좋은 몇몇 함수들이 이런 급수에 의하여 표현될 수 있음이 이미 알려져 있었습니다.

과학원의 석학들은 나의 주장에 대하여 매우 회의적이었으며 라그랑주, 라플라스, 르장드르에 의하여 심사된 이 논문은 기각되었습니다. 그러나 프랑스 과학원은 내 생각을 좀 더 사려 깊게 발전시키도록 격려하기 위하여 열전달 문제를 1812년 주제로 선정하였습니다.

나는 1811년에 논문을 제출하였는데, 이전과 다른 사람으로 구성된 심의관에 의하여 심사를 받은 결과 대상을 받게 되었습니다. 그러나 엄밀성이 부족하다는 비판을 받아 과학원의 논문집에 실리도록 추천을 받지는 못하였습니다.

분개한 나는 열에 관한 연구를 계속하여 1816년 파리로 이사한 후인 1822년에 수학의 위대한 고전 중의 하나인《열의 해석적 이론 Théorie analytique de la chaleur》을 발간하였습니다. 이 책이 발간된 지 2년 후 나는 프랑스 과학원의 서기가 되었습니다. 또한 그 덕분에 1811년의 논문을 원본대로 과학원 논문집에 실을 수 있었습니다.

'푸리에 급수' 는 음향학, 광학, 전기역학, 열역학 및 다른 여러 분야를 연구하는 데 매우 중요하다는 것이 입증되었으며 조화 해석학과 미분 방정식의 해법 등에 주요한 역할을 하고 있답니다.

사실상 편미분 방정식의 경계치 문제의 적분을 포함하는 수리 물리학의 현대적 방법에 동기를 준 것이 바로 '푸리에 급수'였습니다. 임의의 함수 $f(x)$의 적분 가능성만을 가정하면 유도된 식에 의하여 a_n, b_n을 정하고, 이것을 계수로 하는 삼각급수를 만들 수 있습니다. 이것을 $f(x)$에서 생기는 푸리에 급수라 하고,

$$f(x) = \frac{a_0}{2} + \sum_{n=1}^{\infty} (a_n \cos nx + b_n \sin nx)$$

로 나타낼 수 있는 것입니다.

적분 가능한 함수 $f(x)$로부터 이와 같은 푸리에 급수가 만들어지는데, 그것은 수렴하거나, 또는 수렴한다 할지라도 그 합이 과연 $f(x)$와 같은가 하는 문제가 생기게 됩니다. 이들 문제는 직교함수계의 정규화正規化 문제와 관련하여 연구되고 있습니다. 푸리에 해석은 순환 변동의 분석에 쓰이는 방법의 하나로 조화해석調和解析이라고도 합니다. 순환 변동의 모델로써 주기가 다른 몇 개의 단진동單振動을 합성한다는 것이 수학적으로 고려되는 것입니다. 이 입장에서 하나의 순환 운동이 주어졌을 때 이것을 몇 개의 단진동으로 분해하는 경우 이 조작을 푸리에 해석이라고

하는 것이지요.

이러한 '푸리에 급수'는 우리 생활에 많이 응용될 수 있습니다. 먼저 목소리 구별에 이용되기도 합니다. 예를 들어, 범죄 수사 과정에서 녹취된 증거 자료를 실제 인물의 것과 비교 분석할 때, 원래의 신호 파를 분석하여 푸리에 변환에 따라 적용시키면 그 음원의 동일성을 증명할 수 있습니다. 또한 잡음을 제거하는 데도 사용이 됩니다. 요즘 들어 디지털 기기 등에서 많이 사용되는 노이즈 리덕션 기능이나 돌비 디지털사의 각종 안티 노이즈 기술 협약 등이 이러한 푸리에 급수 변환에 따라서 가능해진 것이지요.

그리고 다양한 소리를 내는 전자 악기도 푸리에 급수의 응용으로 가능하답니다. 미디 악기나 전자 음원 모듈에 있는 음원의 변환이나 합성 왜곡 등은 음파를 디지털로 변환한 후 각 신호의 사인 웨이브를 분해하고 다시 합치는 과정에서 나오는 것으로 이것을 신시사이저라고 부른답니다.

이렇게 현대의 기초 수학과 물리학 및 응용과학 분야에 큰 영향을 준 나와 만나 삼각함수를 배운다고 생각하니 기쁘지요? 나도 여러분들과 재미있는 삼각함수로의 여행을 떠나게 되어 매우

기대가 됩니다.

　내가 1830년 63세의 나이로 세상과 이별한 뒤 1831년에 출판된 책에서 대수 방정식의 해의 위치에 관한 논문을 찾을 수 있습니다. 이것은 오늘날 방정식론의 교과서로 여겨진답니다. 또한 켈빈 경William Thomson, 1824~1907은 수리 물리학에 관한 모든 업적이 내가 쓴 열에 관한 논문에 의해 영향 받았다고 말했습니다. 맥스웰Clerk Maxwell, 1831~1879은 나의 논문을 '위대한 수학적 시'라고 하였습니다.

　흥미로운 일화 하나를 소개하는 것으로 내 소개를 마치도록 하겠습니다. 내가 이집트에 있을 때의 경험과 열에 관한 연구로부터 나는 열이 건강에 좋다는 확신을 가지게 되었던 것 같습니다. 그래서 많은 옷을 껴입고 견딜 수 없을 정도로 더운 방에서 살았답니다.

　일부 사람들은 내가 열에 대한 망상 때문에 죽음을 재촉하여 63세의 나이에 완전히 녹초가 되어 심장병으로 죽었다고 말하기도 했답니다. 그러나 내가 가장 많이 하는 말은 바로 이것입니다. "자연을 깊이 연구하는 것이 수학적 발견의 가장 풍요로운 원천이다."

푸리에가 들려주는 삼각함수 이야기

일반각의 정의

삼각함수를 배우기 위한 기초 작업!
일반각과 호도법을 알아봅니다.

1. 일반각이 무엇인지 알 수 있습니다.
2. 호도법이 무엇인지 알고 각을 호도법으로 나타낼 수 있습니다.

미리 알면 좋아요

1. **각** 평면상의 한 점 O에서 출발한 2개의 반직선을 $\overrightarrow{OA}$, $\overrightarrow{OB}$라 할 때, 이들 반직선이 만드는 도형 AOB를 말합니다. 각은 기호로 $\angle AOB$라고 나타내거나 가운데 점만을 이용하여 $\angle O$라고 나타냅니다. 이때 점 O를 각의 꼭짓점, 2개의 반직선 OA, OB를 각의 변이라고 합니다.

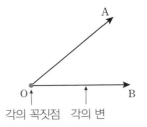

2. **삼각비** 두 개의 비례 관계에 있는 $a:b$와 $c:d$가 같다고 나타낸 식을 말합니다. $a:b=c:d$ 또는 $\dfrac{a}{b}=\dfrac{c}{d}$로 쓸 수 있습니다. 또한 내항의 곱과 외항의 곱은 같다는 사실도 알 수 있습니다. 식으로 나타내면 $a:b=c:d$이면 $b \times c = a \times d$가 됩니다.

푸리에의
첫 번째 수업

　안녕하세요. 나는 수학자 푸리에입니다. 오늘부터 나와 함께 삼각함수에 대하여 공부해 보도록 합시다. 삼각함수라는 말만 들어도 머리가 아픈 학생들이 있지요? 그러나 이 삼각함수라는 개념은 우리의 생활과 정말 밀접하게 관련되어 있습니다. 이 세상에서 일어나고 있는 자연, 경제, 과학 현상 등 많은 부분에서 삼각함수의 개념을 찾아볼 수 있답니다. 이렇게 삼각함수는 우리의 생활과 밀접하게 연관되어 있고 더 깊은 수학을 배우기 위해서

꼭 필요한 내용이므로 그 개념을 잘 이해하고, 기억하고 있어야
합니다. 자 그럼, 지금부터 삼각함수로의 여행을 떠나 봅시다.

먼저 각에 대해서 배워 보겠습니다. 각이란 무엇일까요? 각이
란 평면상의 한 점 O에서 출발한 2개의 반직선을 $\overrightarrow{OA}$, $\overrightarrow{OB}$라 할

때, 이들 반직선이 만드는 도형 AOB를 말합니다. 각은 기호로 ∠AOB라고 나타내거나 가운데 점만을 이용하여 ∠O라고 나타냅니다. 이때 점 O를 각의 꼭짓점, 2개의 반직선 OA, OB를 각의 변이라고 합니다. 아래 그림을 보면 더욱 쉽게 이해할 수 있겠지요?

이렇게 일반적인 평면도형에서 각을 나타낼 때에는 0도에서 360도까지의 각만으로 충분합니다. 그러나 각을 이루는 회전 방향을 생각하면 그것만으로 충분하지 않을 수 있습니다. 예를 들어 시계로 시간을 맞추는 것을 생각해 봅시다. 지금 서울은 1월 14일 낮 12시입니다. 내가 만약 서울보다 1시간 빠른 호주에 갔다면 시계를 어떻게 돌려야 할까요? 또 만약 서울보다 1시간 느린 홍콩에 갔다면 시계를 어떻게 돌려야 할까요?

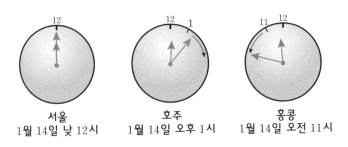

서울
1월 14일 낮 12시

호주
1월 14일 오후 1시

홍콩
1월 14일 오전 11시

시계 바늘과 같이 회전하는 것에서는 회전하는 방향을 구분해야 할 필요가 있습니다. 또한 이러한 회전 운동은 1바퀴 즉 360도 이상의 크기를 나타내는 것도 생각할 필요가 있답니다.

그래서 수학에서는 이러한 회전하는 각을 나타내기 위해 일반각의 개념을 정의하고 있습니다. 일반각이란, 위에서 예를 들어 설명한 것처럼, 각에 대한 개념을 확장하여 회전량으로 생각한 것입니다. 평면 위에 고정되어 있는 반직선 OX와, 꼭짓점 O를 중심으로 회전하는 반직선 OP가 있을 때, 반직선 OX를 시초선, 반직선 OP를 동경이라고 합니다. 이러한 동경 OP가 점 O를 중심으로 회전하는 방법은 두 가지가 있는데, 회전 방향이 시계 바늘이 돌아가는 방향과 반대이면 양의 각, 시계 바늘이 돌아가는 방향과 같으면 음의 각이라고 합니다.

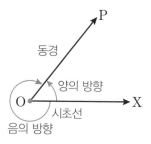

시초선 OX를 고정된 것으로 생각하면 각 XOP의 크기에 따라 동경 OP의 위치는 하나로 정해집니다. 그러나 동경 OP의 위치가 하나로 정해져도 양의 방향 또는 음의 방향으로 몇 번 회전한 후 현재의 위치에 있게 되었는가에 따라 다릅니다. 그러므로 각 XOP의 크기는 여러 가지로 나타날 수 있습니다.

예를 들어 봅시다. 다음의 그림에서 30°, 390°, 750°,⋯ 등은 동경이 어떤가요? 동경의 위치가 같은 것을 알 수 있지요? 그러나 각의 크기는 각각 다르네요. 왜 그럴까요? 한 바퀴를 도는 360°와 그것의 정수 배의 회전은 도형에는 나타나지 않습니다. 그 때문에, 하나의 위치로 나타나는 동경은 무수히 많은 각으로 표현될 수 있는 것입니다.

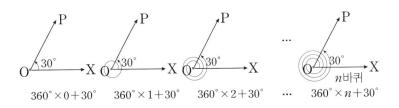

푸리에가 들려주는 삼각함수 이야기

따라서 $30°$를 일반각으로 나타내면 $360° \times n + 30° n$은 정수가 되는 것입니다.

결국, 동경 OP를 나타내는 어떤 한 각의 크기를 $a°$라 하면 각 XOP의 크기는 $360° \times n + a°$ $(n = 0, \pm1, \pm2, \cdots)$로 나타낼 수 있는 것입니다. 또한 이것을 동경 OP를 나타내는 일반각이라고 하는 것이지요.

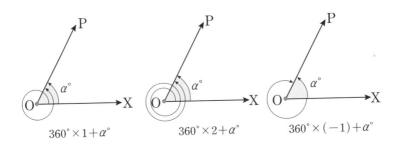

지금까지 우리가 배운 일반각의 개념을 좌표평면 위에 놓고 생각해 보면 그 각이 좌표평면의 4개의 분면 중 어디에 속하는지 알 수 있습니다.

사분면 각이란 좌표평면 위의 원점 O에서 x축의 양의 방향을 시초선으로 잡았을 때, 동경 OP가 제 1, 2, 3, 4사분면 중 어느 곳에 있느냐에 따라 각각 제1사분면의 각, 제2사분면의 각, 제3 사분면의 각, 제4사분면의 각이라고 하는 것을 말합니다. 이때,

x축과 y축은 어느 사분면에도 속하지 않습니다.

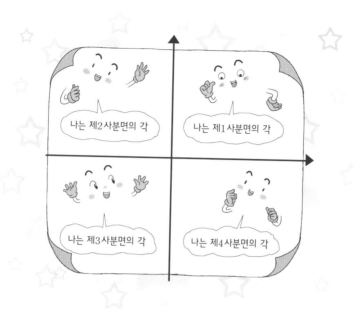

예를 들어 $30°$는 제1사분면의 각이고, $-30°$는 제4사분면의 각이 되는 것입니다.

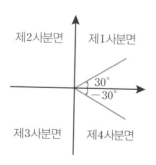

푸리에가 들려주는 삼각함수 이야기

지금까지 시초선과 동경의 개념을 도입하여 일반각의 개념이 무엇인지 알아보고 좌표평면 위에서 사분면의 각에 대하여 알아보았습니다. 자, 우리는 지금까지 각의 크기를 나타낼 때 '도(°)'라는 단위를 사용하였습니다. 이렇게 30°, 60°, 90°,… 등과 같이 각의 크기를 나타낼 때 '도(°)'를 단위로 하는 방법을 육십분법이라고 합니다. 이제 각의 크기를 나타내는 또 다른 방법을 소개하고자 합니다. 이 새로운 방법은 물론 단위도 '도(°)'를 사용하지 않고 다른 단위를 사용한답니다. 그 방법이 무엇인지 궁금하지요? 하나씩 알아보도록 합시다.

어떤 컴퓨터 게임이 있습니다. 이 게임은 길이가 r인 총의 한쪽 끝을 원의 중심에 고정하고 총알이 총의 오른쪽에서 발사되도록 위치시켜 시작합니다. 게임이 시작되면 화면에 나타나는 적군의 비행기를 맞추는 것인데, 파란 비행기는 총을 시계 반대 방향으로 돌려서 맞추고 빨간 비행기는 총을 시계 방향으로 돌려서 맞춥니다. 총을 회전시키면 화면 상단에 회전시킨 각의 크기가 나타납니다. 그 각의 크기는 라디안이라는 새로운 단위를 사용하며 시계 반대 방향으로 회전시키면 $\frac{1}{2}$라디안, 1라디안, 2라디안, 3라디안, … 등과 같이 양의 값이 표시되고, 시계 방향으로 회전시키면 $-\frac{1}{4}$라디안, $-\frac{1}{3}$라디안, -1라디안, -2라디안, … 등과 같이 음의 값이 나타나게 됩니다. 아래 그림을 보면 이 게임을 쉽게 이해할 수 있겠지요?

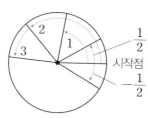

이 게임에서 사용된 라디안이라는 용어는 무엇일까요? 라디안은 각을 재는 한 방법인 호도법으로 각을 재었을 때 사용하는 단위입니다. 호도법이란 반지름이 r인 원에서 반지름의 길이 r에 대한 호의 길이 s의 비로 나타낸 것을 말하며 그것의 단위를 라디안rad이라고 씁니다. 식으로 나타내면 $\dfrac{s}{r}$ 즉, $s : r$이지요.

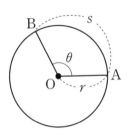

그렇다면 중심각이 $a°$일 때 반지름의 길이 r과 호의 길이 s가 같다면 그 중심각 $a°$를 호도법으로 나타내면 어떻게 될까요? 호도법은 반지름의 길이 r에 대한 호의 길이 s의 비比이고, s와 r이 같다고 했으므로

$$\frac{s}{r} = \frac{r}{r} = 1\text{라디안}$$

이 되는 것입니다.

이때 부채꼴의 중심각 $a°$는 1라디안과 같다고 놓을 수 있는 것이지요. 1라디안이 무엇인지 알겠습니까? 다시 말해, 반지름의 길이와 호의 길이가 같게 되었을 때, 바로 그때의 각의 크기를 1라디안이라고 하는 것입니다.

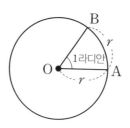

만약 부채꼴의 호의 길이가 반원의 둘레의 길이와 같은 경우는 어떻게 될까요? 즉 중심각 $a°=180°$인 경우가 되겠지요. 호도법은 반지름의 길이 r에 대한 호 s의 길이의 비比이고, 호의 길이는 반원이므로 $s=\dfrac{1}{2}\times 2\pi r=\pi r$이 됩니다. 따라서

$$\frac{s}{r}=\frac{\pi r}{r}=\pi \text{라디안}$$

가 되는 것을 알 수 있지요. 이때 부채꼴반원의 중심각 $180°$는 π 라디안과 같다고 할 수 있는 것이지요.

푸리에가 들려주는 삼각함수 이야기

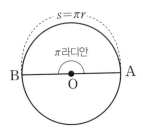

만약 부채꼴의 호의 길이가 원의 둘레의 길이와 같은 경우는 어떻게 될까요? 즉, 중심각 $a°=360°$인 경우가 되겠지요. 호도법은 반지름의 길이 r에 대한 호 s의 길이의 비이고, 호의 길이는 원의 둘레의 길이와 같으므로 $s=2\pi r$이 됩니다.

$$\frac{s}{r}=\frac{2\pi r}{r}=2\pi 라디안$$

이때 부채꼴사실은 원의 중심각 $360°$는 2π라디안과 같다고 할 수 있는 것이지요.

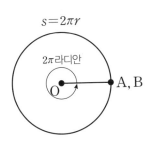

자, 설명을 정리해 봅시다. 지금까지는 육십분법이라는 방법으로 각을 재어 '도(°)'라는 단위를 사용하여 나타내었습니다. 그런데 오늘 각을 재는 새로운 방법인 호도법을 소개하였습니다. 호도법이란 부채꼴의 반지름의 길이에 대한 호의 길이의 비호의 길이 s : 반지름의 길이 $r \Leftrightarrow \frac{s}{r}$로 각을 나타내고 그 단위로 라디안rad을 사용하는 방법을 말합니다.

그렇다면 '도(°)'와 '라디안rad', 둘 사이에는 어떤 관계가 있을까요? 45쪽 그림을 보면 '도(°)'와 '라디안rad' 사이의 관계는 쉽게 알 수 있습니다.

부채꼴의 중심각이 180°인 경우에는 부채꼴의 호의 길이 s가 반원의 둘레의 길이 πr과 같으므로 $\frac{s}{r} = \frac{\pi r}{r} = \pi$라디안가 되는 것을 알 수 있습니다. 즉, 육십분법과 호도법 사이의 관계에서 '180° = π라디안'이라는 것을 알 수 있는 것이지요. 이것은 180°와 π라디안이 같은 크기의 각을 서로 다른 측정 체계로 표시한 것이라고 할 수 있답니다.

물론, 앞의 그림에서 '360° = 2π라디안'이라는 식이 나오지만 이것 또한 약분하면 '180° = π라디안'이라는 간단한 식으로 유도되는 것을 알 수 있습니다.

푸리에가 들려주는 삼각함수 이야기

'180°=π라디안'이라는 관계를 이용하면 육십분법도를 호도

법라디안으로, 호도법라디안을 육십분법도으로 바꾸는 것이 매우

쉽습니다. 아래에 소개하는 공식을 이용하면 둘 사이의 관계를

쉽게 알 수 있지요.

중요 포인트

$\alpha°$는 호도법으로 $\left(\dfrac{\pi}{180}\alpha\right)$라디안

θ라디안은 육십분법으로 $\left(\dfrac{180}{\pi}\theta\right)°$

이 공식이 잘 외워지지 않고 헷갈리기만 하는 학생들도 있을 것입니다. 그런 학생들은 180°를 π라디안이라 두고 비례식을 이용하면 됩니다. 그러면 예를 통해 둘 사이를 변환해 볼까요?

먼저 육십분법을 호도법으로 바꾸어 봅시다. 30°는 몇 라디안일까요? 공식을 이용하면 더 쉽게 구할 수 있지만 비례식을 이용해 보겠습니다. 구하고자 하는 값을 x로 놓고 비례식으로 나타내면 다음과 같습니다.

$180° : \pi$라디안$= 30° : x$라디안

$180° \times x$라디안$= 30° \times \pi$라디안

$x = \dfrac{\pi}{6}$라디안

즉, '$30° = \dfrac{\pi}{6}$라디안'이라는 것을 쉽게 구할 수 있습니다.

30°뿐 아니라 도(°)로 측정한 다른 값들도 라디안으로 구해 보세요. 비례식을 이용하여 쉽게 해결할 수 있을 것입니다.

그렇다면 이제 호도법을 육십분법으로 바꾸어 봅시다. 1라디안은 몇 도일까요? 이것 또한 구하고자 하는 값을 x로 놓고 비례식으로 해결할 수 있습니다.

$180° : \pi$ 라디안 $= x° : 1$ 라디안

$x° \times \pi$ 라디안 $= 180° \times 1$ 라디안

여기에서 무리수 π에 3.141592의 대략적인 값을 대입합니다.

$x ≒ 57.30°$

즉, 1라디안은 약 57.30°인 것을 알 수 있습니다.

여기에서 한 가지 혼동하지 말아야 할 것이 있습니다. π는 3.141592…인 무리수입니다. 그리고 π라디안이 180°인 것이지요. 무리수 π를 180°라고 잘못 알고 π는 왜 3.141592…인 때도 있고 180°인 때도 있냐고 묻는 실수를 저지르면 안 되겠지요?

오늘은 일반각이 무엇인지 정의하고 그러한 각을 측정하는 새로운 방법으로 호도법이라는 것을 소개하였습니다. 일반각과 호도법은 새롭게 등장한 개념이므로 여러 번 읽고 여러분 자신의 지식이 될 수 있도록 복습하는 것을 잊지 말아야 합니다. 자, 그럼 다음 시간에 계속하도록 하지요.

첫 번째 수업 정리

❶ 일반각

평면 위에 고정되어 있는 반직선 OX와, 꼭짓점 O를 중심으로 회전하는 반직선 OP가 있을 때, 반직선 OX를 시초선, 반직선 OP를 동경이라고 합니다. 이러한 동경 OP가 점 O를 중심으로 회전하는 방법은 두 가지가 있는데, 회전 방향이 시계 바늘이 돌아가는 방향과 반대이면 양의 각, 시계 바늘이 돌아가는 방향과 같으면 음의 각이라고 합니다.

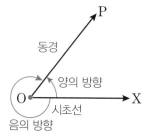

또한 동경 OP의 위치가 정해져도 동경 OP가 양의 방향 또는 음의 방향으로 몇 번 회전한 후 현재의 위치에 있게 되었는가에 따라 다르므로 각 XOP의 크기는 하나로 정해지지 않습니다. 결국,

동경 OP를 나타내는 어떤 한 각의 크기를 $a°$라 하면 각 XOP의 크기는 $360° \times n + a°\,(n=0,\ \pm1,\ \pm2,\cdots)$로 나타낼 수 있는 것입니다. 또한 이것을 동경 OP를 나타내는 일반각이라고 합니다.

❷ 사분면각

일반각의 개념을 좌표평면 위에 놓고 생각해 보면 그 각이 좌표평면의 4개의 분면 중 어디에 속하는지 알 수 있습니다. 좌표평면 위의 원점 O에서 x축의 양의 방향을 시초선으로 잡았을 때, 동경 OP가 제 1, 2, 3, 4 사분면 중 어느 곳에 있느냐에 따라 각각 제1사분면의 각, 제2사분면의 각, 제3사분면의 각, 제4사분면의 각이 됩니다. 이때, x축과 y축은 어느 사분면에도 속하지 않습니다.

❸ 호도법

호도법이란 반지름이 r인 원에서 반지름의 길이 r에 대한 호의 길이 s의 비로 나타낸 것을 말하며 그것의 단위를 라디안rad이라고 씁니다. 식으로 나타내면 $\dfrac{s}{r}$ 즉, $s:r$가 됩니다.

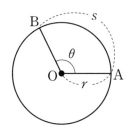

삼각함수의 정의

삼각함수가 어디서부터 출발했는지 살펴봄으로써
그 개념을 이해합니다.

1. 삼각함수의 역사적 배경을 알 수 있습니다.
2. 일반각에 대한 삼각함수가 무엇인지 알 수 있습니다.

미리 알면 좋아요

1. 삼각비

아래 그림과 같이 ∠B＝90°인 직각삼각형 ABC에서 ∠A의 크기가 정해지면 두 변의 길이 사이의 비 $\dfrac{\overline{BC}}{\overline{AC}}, \dfrac{\overline{AB}}{\overline{AC}}, \dfrac{\overline{BC}}{\overline{AB}}$ 의 값은 직각삼각형의 크기에 상관없이 항상 일정합니다. 이때, $\dfrac{\overline{BC}}{\overline{AC}}$ 를 ∠A의 사인이라고 하고 이것을 기호로 $\sin A$라고 하며, $\dfrac{\overline{AB}}{\overline{AC}}$ 를 ∠A의 코사인이라고 하고 이것을 기호로 $\cos A$, $\dfrac{\overline{BC}}{\overline{AB}}$ 를 ∠A의 탄젠트라고 하고 이것을 기호로 $\tan A$로 나타냅니다. 그리고 $\sin A$, $\cos A$, $\tan A$를 ∠A의 삼각비라고 합니다.

$$\sin A = \frac{\overline{BC}}{\overline{AC}}, \ \cos A = \frac{\overline{AB}}{\overline{AC}}, \ \tan A = \frac{\overline{BC}}{\overline{AB}}$$

2. 특수각의 삼각함수의 값

θ	$0°$	$30°$	$45°$	$60°$	$90°$
$\sin\theta$	0	$\dfrac{1}{2}$	$\dfrac{1}{\sqrt{2}}$	$\dfrac{\sqrt{3}}{2}$	1
$\cos\theta$	1	$\dfrac{\sqrt{3}}{2}$	$\dfrac{1}{\sqrt{2}}$	$\dfrac{1}{2}$	0
$\tan\theta$	0	$\dfrac{1}{\sqrt{3}}$	1	$\sqrt{3}$	정의되지 않음

$$\prod \frac{1}{1 - \frac{1}{p^s}} = \sum \frac{1}{n^s}$$

푸리에의
두 번째 수업

지난 시간에는 일반각의 개념을 정의하고 호도법으로 각을 나타내는 방법에 대하여 공부하였습니다. 오늘은 삼각함수의 정의 및 개념에 대하여 알아보도록 하겠습니다.

삼각함수에 대하여 배우기 위해서는 일반각의 개념과 호도법에 대하여 잘 알고 있어야 합니다. 여러분 모두 잘 기억하고 있으리라 믿습니다.

수학이라는 학문은 아주 오랜 옛날부터 사람들의 필요에 의해 탄생하고 점차 발전하여 지금의 논리적인 형태로 자리 잡게 되었다는 것을 여러분 모두 잘 알고 있지요? 이번 시간에 배울 삼각함수라는 개념도 아주 오래 전부터 사람들이 자연 현상을 관찰하고 천문을 관측하고 또 토지 측량을 하면서 자연스럽게 발생하게 되었답니다.

삼각함수는 먼저 삼각법이라는 학문으로 발생하였답니다. 삼각법이란 삼각비를 이용하여 삼각형의 세 변의 길이와 세 각의 크기 등 삼각형의 6요소 사이의 관계를 연구하는 것입니다. 삼각법은 영어로 trigonometry라고 하는데 이 말은 희랍어의 trigon 삼각형과 metry측정법라는 두 단어의 합성어랍니다. 어원에서 알 수 있듯이 삼각법은 천문을 관측하고 토지를 측량하거나 항해술 등에 이용되었답니다.

그러면 이러한 삼각법은 얼마나 오래 전에 사용되었을까요? 삼각법의 기록은 고대 이집트의 수학서인 아메스 파피루스에서 찾아볼 수 있지만 삼각표를 작성한 사람은 히파르코스Hipparchos, 기원전 약 180~125년였습니다. 그는 천문학을 연구하면서 구면 위에서 각의 크기와 두 점 사이의 거리를 측정할 필요를 느껴 삼각법을 연구 · 발전시켰답니다.

그 이후 삼각법을 연구한 대표적이고 중요한 사람은 기원후 150년경의 프톨레마이오스C.Ptolemaeos라는 학자입니다. 그는 《알마게스트Almagest》라는 책을 저술하였는데 거기에는 삼각함수의 네 가지 합과 차의 공식과 반각 공식 등을 구하는 방법을 소개하고 있답니다. 와~ 정말 놀랍죠? 이렇게 오랜 옛날 고대의 학자가 삼각함수의 합, 차, 반각 공식 등을 발견하고 저술하였다니……. 인간의 지적 탐구욕과 능력이 정말 대단하다는 생각이 듭니다.

그리스의 삼각법은 이후 인도, 아라비아의 천문학자들에 의해 발전되었습니다. 인도인들은 우리에게 익숙한 도, 분, 초의 분각법을 사용하였고, sin표를 제작하였습니다. 그들의 삼각법은 기하학적이라기보다는 산술적인 형태를 보였습니다. 아라비아 수학자들은 6개의 삼각함수를 모두 이용하였고, 구면 삼각법의 공식의 유도 과정을 개선하였습니다. 또한 경사 구면 삼각형에 대한 코사인 법칙이 연구되었고, 각 C가 직각인 구면 삼각형 ABC에 대한 게베르 정리가 소개되었습니다.

그 후, 15세기에 활동한 비엔나 밀러Miller, 1436~1476는 1533년에 발간된《모든 종류의 삼각형Detriangulis Omnimodis》이라는 5권으로 이루어진 저서에서 평면 삼각법과 구면 삼각법에 관한 내용을 소개하였습니다. 이 책은 천문학과 무관하게 수학적으로 전개된 평면 및 구면 삼각법에 관한 유럽 최초의 체계적인 해설서라고 할 수 있습니다. 이때부터 삼각법이 천문학에서 분리되어 독립적으로 발전하게 되었지요.

그 이후 프랑스의 수학자 비에트Viete, 1540~1603에 의하여 삼각함수는 현대의 해석학적 성격을 갖게 되었습니다. 이렇게 발전하게 된 커다란 계기는 기호 대수학의 출현과 17세기 초 페르마와 데카르트에 의해 시작된 해석 기하학의 탄생 덕분이었답니다. 이렇게 삼각함수가 수학적 발전을 거듭할 수 있었던 것은 기하학적 영역으로만 생각했던 문제들을 대수적으로 접근하여 해결하면서 가능하게 되었습니다. 또한 17세기 전반에 해석학적 삼각함수가 출현하게 된 또 다른 이유는 우리 주변의 물리적 세계를 기계론적 세계관에 입각하여 표현하려는 노력이 있었기 때문입니다. 갈릴레오는 "모든 움직임은 좌표항의 두 개의 요소로 분해되어 이들 요소는 각각 독립적으로 다루어질 수 있다"고 하였고 이러한 연구에 삼각함수가 큰 역할을 하게 되었지요.

17, 18세기에 활발하게 연구된 역학의 또 다른 분야는 진자 운동에 관한 것이었습니다. 항해의 시대는 매우 정확한 항해 기술을 필요로 했고 이러한 항해 기술 연구를 위해 과학자들은 진자의 운동과 여러 종류의 스프링에 관한 연구에 매진하게 되었습니다. 또한 어떤 과학자들은 악기를 만드는 기술을 발전시키면서 음향 생성 물체의 진동을 연구하였습니다.

이러한 모든 연구들의 공통점은 주기적 현상에 관한 연구라는 것이었습니다. 주기적 현상을 연구하는 데에는 삼각함수 간의 관계가 중요하게 다루어지게 되었고, 삼각함수에 대하여 해석학적으로 연구하게 되었답니다.

이 시기에 활동한 대표적인 사람은 영국의 수학자 로저 코츠Roger Cotes, 1682~1716가 있습니다. 그는 저서 《구적법 조화》에서 $\phi_i = \log(\cos\phi + i\sin\phi)$라는 항등식을 발표하였습니다. 이 식은 레오나르드 오일러Leonhard Euler가 1748년 《무한 해석 개론》에서 발표한 $e^{i\phi} = \cos\phi + i\sin\phi$라는 식과 본질적으로 같은 식이었습니다. 또한 1722년 아브라함 드무아브르Abraham de Moivre, 1667~1754도 $(\cos\phi + i\sin\phi)^n = \cos n\phi + i\sin n\phi$와 같은 식을 유도하였습니다. 이러한 일련의 연구들은 삼각형 본래에 관한 연구에서 좀 더 확장되어 삼각함수를 한층 더 발전하게 하는 결과물이었습니다.

그 이후 독일의 아브라함 코트헬프 캐스트너Abraham Gotthelf Kastner, 1719~1800는 "x는 도($°$)로 표시된 각을 지칭하고, $\sin x$, $\cos x$, $\tan x$ 등은 수이며, 이것은 모든 각에 해당된다"라고 하여 삼각함수를 삼각형과 연관된 비比라기 보다는 순수한 수의 집합으로 삼각함수를 정의하게 되었답니다.

그 이후, 19세기에 이르러서 삼각함수 연구에 위대한 업적을 남긴 수학자는 나 푸리에입니다. 프랑스 수학자인 나는 《열해석 이론》을 저술하였습니다. 《열해석 이론》에서는 거의 모든 함수가 주어진 구간에 대해 주기함수로 취급되는 경우 삼각함수의 급수로 표현될 수 있다는 것을 보여주었습니다. '푸리에 정리'라고 불리는 이 정리는 19세기 해석학적 수학의 위대한 업적으로 평가받고 있답니다. 이 정리에서 사인함수와 코사인함수는 단순하든 복잡하든 모든 종류의 주기적 현상에 관한 연구에서 필수적인 것임이 확인되었습니다.

또한 이 정리는 나중에 일반화되어 비주기함수에 대해, 또 삼각함수와 연관되지 않은 급수에 대해서도 적용되었습니다. 이러한 발전은 광학, 음향학에서부터 정보 이론과 양자 역학에 이르기까지 수많은 과학 분야에서 매우 중요한 것으로 확인되었답니다.

지금까지 살펴본 것처럼 삼각함수는 삼각형에 관한 연구에서 시작되어 발전을 거듭하여 많은 수학적 성과를 얻으며 오랜 역사를 거쳐 발전하였습니다. 삼각함수는 처음에는 직각삼각형의 변과 각의 크기 사이의 관계를 바탕으로 기하학적인 측면에 대한 연구가 일찍 발달하여 천문학, 측량 등에 유용하게 사용되었습니다. 그러나 17세기 이후 삼각함수의 해석학적 측면이 부각되어 주기 함수로 연구되기 시작하여 모든 종류의 주기적 현상에 관한 연구에서 필수적인 것이 되었답니다.

함수의 개념은 현실 세계의 변화와 그 종속성을 설명하기 위한 수학적 도구로 역동적인 개념을 포함하고 있습니다. 삼각함수 역시 역사적 발생 과정을 살펴 보았을 때 우리 주변의 여러 가지 현상을 설명하기 위한 도구로 사용되고 연구되어 왔다고 할 수 있습니다.

그러면 이렇게 역사적으로 발전해 온 삼각함수를 우리는 어떻게 그 개념을 이해하고 학습하면 될까요? 다시 말해, "삼각함수란 과연 무엇일까?" 이런 질문을 하게 되지요? 먼저, 삼각비에 대하여 배운 것을 기억해 봅시다.

학교 교과 과정을 보면 삼각함수를 배우기 전 삼각비를 배우게 되는데, 삼각비에서 각의 개념을 확장하고 함수의 개념을 도입하면 삼각함수를 이해할 수 있답니다. 그럼, 먼저 삼각비에 대하여 배웠던 내용을 확인해 볼까요?

다음 그림과 같이 $\angle B = 90°$인 직각삼각형 ABC에서 $\angle A$의 크기가 정해지면 두 변의 길이 사이의 비 $\dfrac{\overline{BC}}{\overline{AC}}$, $\dfrac{\overline{AB}}{\overline{AC}}$, $\dfrac{\overline{BC}}{\overline{AB}}$의 값은 직각삼각형의 크기에 상관없이 항상 일정합니다. 이때, $\dfrac{\overline{BC}}{\overline{AC}}$를 $\angle A$의 사인이라고 하고 이것을 기호로 $\sin A$라고 하며, $\dfrac{\overline{AB}}{\overline{AC}}$를 $\angle A$의 코사인이라고 하고 이것을 기호로 $\cos A$, $\dfrac{\overline{BC}}{\overline{AB}}$를

∠A의 탄젠트라고 하고 이것을 기호로 $\tan A$로 나타냅니다. 그리고 $\sin A$, $\cos A$, $\tan A$를 ∠A의 삼각비라고 합니다.

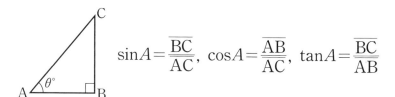

$$\sin A = \frac{\overline{BC}}{\overline{AC}}, \ \cos A = \frac{\overline{AB}}{\overline{AC}}, \ \tan A = \frac{\overline{BC}}{\overline{AB}}$$

어떤 함수를 삼각함수라고 하는 거죠?

삼각함수가 무엇인지 알려면 삼각비부터 알아야 합니다.

삼각비요?

$\dfrac{\overline{BC}}{\overline{AC}}$ 를 ∠A의 사인이라고 하고 이것을 기호로는 $\sin A$,

$\dfrac{\overline{AB}}{\overline{AC}}$ 는 ∠A의 코사인이라고 하고 기호로는 $\cos A$,

$\dfrac{\overline{BC}}{\overline{AB}}$ 를 ∠A의 탄젠트라고 하고 역시나 기호로는 $\tan A$로 나타냅니다.

$\sin A$, $\cos A$, $\tan A$가 ∠A의 삼각비군요.

푸리에가 들려주는 삼각함수 이야기

삼각비는 직각삼각형에서 성립하므로 ∠A의 크기는 $0° \sim 90°$까지의 범위를 갖습니다. 왜냐하면 삼각형의 세 내각의 합은 $180°$인데, 직각삼각형이므로 ∠B＝$90°$임이 이미 결정되어 있지요. 그러면 나머지 ∠A, ∠C의 크기는 $0°$보다 크고 $90°$보다 작은 예각이 되는 것이지요. 여기서는 ∠A를 중심각으로 생각하였습니다 이렇게 삼각비는 하나의 직각삼각형에서 한 예각에 대한 두 변 사이의 길이의 비를 구하는 것입니다. 또한 중심각은 주로 육십분법으로 나타내어 $\sin A$, $\cos A$, $\tan A$를 정의하게 됩니다.

이러한 삼각비의 개념을 수학적으로 좀 더 확장해 봅시다. 아래 그림과 같이 좌표평면 위에서 x축의 양의 부분을 시초선으로 하고, 동경 OP가 나타내는 일반각을 θ라디안이라 하고 반지름의 길이가 r인 원과 동경 OP의 교점 P의 좌표를 (a, b)라고 하면 $\dfrac{b}{r}$, $\dfrac{a}{r}$, $\dfrac{b}{a}(a \neq 0)$의 값은 θ의 값에 따라 하나로 정해집니다.

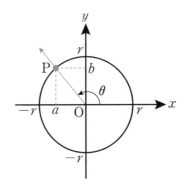

다시 말해서 $\theta \to \dfrac{b}{r}$, $\theta \to \dfrac{a}{r}$, $\theta \to \dfrac{b}{a}$ $(a \neq 0)$와 같은 대응은 각각 함수가 되는 것입니다.

이와 같은 함수를 차례로 θ의 사인함수, 코사인함수, 탄젠트함수라 하고 이것을 기호로 다음과 같이 나타냅니다.

$$\sin\theta = \frac{b}{r},\ \cos\theta = \frac{a}{r},\ \tan\theta = \frac{b}{a}$$

사인함수 $\sin\theta = \dfrac{b}{r}$, 코사인함수 $\cos\theta = \dfrac{a}{r}$,

탄젠트함수 $\tan\theta = \dfrac{b}{a}$

코시컨트함수 $\mathrm{cosec}\theta = \dfrac{r}{b}$, 시컨트함수 $\sec\theta = \dfrac{r}{a}$,

코탄젠트함수 $\cot\theta = \dfrac{a}{b}$

이렇게 여섯 가지의 함수를 통틀어
삼각함수라고 합니다.

푸리에가 들려주는 삼각함수 이야기

또, 위의 비比의 역수 $\theta \to \dfrac{r}{b}$, $\theta \to \dfrac{r}{a}$, $\theta \to \dfrac{a}{b}$ $(b \neq 0)$에 대한 다음의 대응도 역시 함수가 됩니다. 이와 같은 함수를 차례로 θ의 코시컨트함수, 시컨트함수, 코탄젠트함수라 하고 이것을 기호로 다음과 같이 나타냅니다.

$$\mathrm{cosec}\,\theta = \frac{r}{b},\ \sec\theta = \frac{r}{a},\ \cot\theta = \frac{a}{b}$$

이렇게 정의한 여섯 가지의 함수를 통틀어 삼각함수라고 합니다. 삼각함수의 정의를 잘 이해할 수 있나요? 삼각함수를 처음 접하는 학생들은 그 정의를 충분히 이해하는 것이 쉽지 않을 것입니다. 이해를 위해서 함수의 정의를 한번 확인해 보는 것이 좋겠습니다.

함수란 정의역 X에서 공역 Y로의 함수 f가 있다면 정의역 X에 속하는 임의의 원소 x에 대하여 $f(x)$의 값이 공역 Y에 존재하는 것을 의미합니다. 그렇다면 삼각함수의 정의를 다시 한번 생각해 보도록 합시다. 삼각함수에서 정의역 X는 일반각 θ라디안이 될 것입니다. 어떤 학생들은 각이 어떻게 수처럼 정의역이 될 수 있냐고 의문을 가질 수 있겠지만 호도법에서 각의 크기는 부채꼴의 반지름의 길이 r에 대한 호의 길이 s의 비로 나타낸 것입니다 $s:r$ 즉, $\frac{s}{r}$. 이렇게 호도법에서는 물리적인 각의 크기를 s와 r에 대한 길이의 비로 나타내어 그 값을 실수와 일대일 대응시킵니다. 그러면 모든 크기의 각을 실수와 동일시할 수 있는 것입니다.

푸리에가 들려주는 삼각함수 이야기

따라서 삼각함수는 정의역은 일반각 θ라디안실수, 공역은 실수인 함수로써 θ라디안에 따라 그 값이 하나로 정해지는 관계를 갖는 것으로 그 함수의 종류로는 sin, cos, tan, cosec, sec, cot 이렇게 6가지를 갖습니다. 이것을 삼각함수라고 하지요.

자, 그러면 삼각함수의 정의를 다시 써 볼까요?

삼각함수의 정의	예제 $\theta=\dfrac{\pi}{6}$인 경우
$f : X \to Y(X, Y는 실수)$	$f : X \to Y(X, Y는 실수)$
$\sin : \theta \mapsto \sin\theta=\dfrac{b}{r}$	$\sin : \dfrac{\pi}{6} \mapsto \sin\left(\dfrac{\pi}{6}\right)=\dfrac{1}{2}$
$\cos : \theta \mapsto \cos\theta=\dfrac{a}{r}$	$\cos : \dfrac{\pi}{6} \mapsto \cos\left(\dfrac{\pi}{6}\right)=\dfrac{\sqrt{3}}{2}$
$\tan : \theta \mapsto \tan\theta=\dfrac{b}{a}$	$\tan : \dfrac{\pi}{6} \mapsto \tan\left(\dfrac{\pi}{6}\right)=\dfrac{1}{\sqrt{3}}$
$\csc : \theta \mapsto \csc\theta=\dfrac{r}{b}$	$\csc : \dfrac{\pi}{6} \mapsto \csc\left(\dfrac{\pi}{6}\right)=2$
$\sec : \theta \mapsto \sec\theta=\dfrac{r}{a}$	$\sec : \dfrac{\pi}{6} \mapsto \sec\left(\dfrac{\pi}{6}\right)=\dfrac{2}{\sqrt{3}}$
$\cot : \theta \mapsto \cot\theta=\dfrac{a}{b}$	$\cot : \dfrac{\pi}{6} \mapsto \cot\left(\dfrac{\pi}{6}\right)=\sqrt{3}$

고대부터 삼각형 특히 직각삼각형에 대한 연구는 매우 활발하게 진행되었습니다. 그런데 그때에는 각의 크기를 육십분법으로 나타내고 중심각의 크기도 $0°\sim90°$의 예각에 대하여 연구하다

보니 한계가 있었습니다. 그러나 점차 각의 개념을 좌표평면 위에서 일반각으로 정의하여 그 개념을 확대하게 되었습니다. 또한 각의 크기도 육십분법이 아닌 새로운 개념의 호도법을 이용하여 물리적인 각의 크기를 실수와 일대일 대응함으로써 실수에서 실수로의 함수인 삼각함수를 정의할 수 있게 되었지요.

삼각비에 그쳤던 개념을 삼각함수로 확장하고 추상화한 것은 기하학적이고 정적인 이론으로부터 대수적, 해석적 수학의 발달을 가져오게 한 것입니다. 삼각함수의 도입으로 삼각함수의 그래프, 삼각함수의 여러 성질, 극한, 미분, 적분, 급수 등으로 삼각함수 자체의 연구가 활발하게 진행되고 수많은 수학 이론 및 관련 여러 분야의 발달을 도모하게 되었습니다.

지금까지 삼각함수의 개념을 위해 일반각과 호도법의 개념을 배웠고 일반각에 대한 삼각함수를 정의하였습니다. 앞으로는 이러한 삼각함수가 어떠한 그래프 모양을 가지고 있으며 어떠한 성질을 가지고 있는지 등에 대해서 배워 보기로 하지요. 이번 시간에 배운 삼각함수의 개념을 잘 이해하고 기억하여 기초를 튼튼히 하는 것 잊지 마세요.

푸리에가 들려주는 삼각함수 이야기

∴두 번째
수업 정리

삼각함수

아래 그림과 같이 좌표평면 위에서 x축의 양의 부분을 시초선으로 하고, 동경 OP가 나타내는 일반각을 θ라디안이라 하고 반지름의 길이가 r인 원과 동경 OP의 교점 P의 좌표를 (a, b)라고 하면 $\dfrac{b}{r}$, $\dfrac{a}{r}$, $\dfrac{b}{a}(a \neq 0)$의 값은 θ의 값에 따라 하나로 정해집니다. 이때, 아래와 같이 정의되는 여섯 가지의 함수를 삼각함수라고 합니다.

$$\sin\theta = \frac{b}{r}, \ \cos\theta = \frac{a}{r}, \ \tan\theta = \frac{b}{a}$$
$$\mathrm{cosec}\theta = \frac{r}{b}, \ \sec\theta = \frac{r}{a}, \ \cot\theta = \frac{a}{b}$$

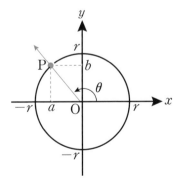

삼각함수의 성질

삼각함수의 값과 그 특징을 알아봅니다.

세 번째 학습 목표

1. 삼각함수 사이의 관계를 이해할 수 있습니다.
2. 삼각함수의 변환 공식을 이해할 수 있습니다.

미리 알면 좋아요

1. 삼각함수의 정의 좌표평면 위에서 x축의 양의 부분을 시초선으로 하고, 동경 OP가 나타내는 일반각을 θ라디안이라 하고 반지름의 길이가 r인 원과 동경 OP의 교점 P의 좌표를 (a, b)라고 하면

$$\sin\theta = \frac{b}{r}, \cos\theta = \frac{a}{r}, \tan\theta = \frac{b}{a}$$
$$\operatorname{cosec}\theta = \frac{r}{b}, \sec\theta = \frac{r}{a}, \cot\theta = \frac{a}{b}$$

2. 특수한 각의 삼각함수 값

θ	$30°$	$45°$	$60°$
$\sin\theta$	$\dfrac{1}{2}$	$\dfrac{1}{\sqrt{2}}$	$\dfrac{\sqrt{3}}{2}$
$\cos\theta$	$\dfrac{\sqrt{3}}{2}$	$\dfrac{1}{\sqrt{2}}$	$\dfrac{1}{2}$
$\tan\theta$	$\dfrac{1}{\sqrt{3}}$	1	$\sqrt{3}$

푸리에의
세 번째 수업

　　지난 시간에는 삼각함수의 정의에 대하여 알아보았습니다. 삼
각함수란 좌표평면 위에서 x축의 양의 부분을 시초선으로 하고,
일반각 θ라디안이 나타내는 동경과 원점 O를 중심으로 하고 반
지름의 길이가 r인 원이 만나는 점 P의 좌표를 $(a,\ b)$라고 하면
$\dfrac{b}{r}$, $\dfrac{a}{r}$, $\dfrac{b}{a}$, $\dfrac{r}{b}$, $\dfrac{r}{a}$, $\dfrac{a}{b}$의 값이 θ라디안의 값에 따라 하나로 정해
지는데 이와 같은 함수를 삼각함수라고 합니다.

　　자, 그러면 오늘은 삼각함수는 어떠한 값을 가지며, 그 특징은 무엇인지 알아보도록 하겠습니다. 먼저, 삼각함수의 값은 θ가 좌표평면 위의 어느 사분면에 속하느냐에 따라 그 부호가 결정됩니다. 그림을 보며 이해해 보도록 합시다.

만약 θ가 제1사분면의 각이라고 한다면 점 P의 x좌표와 y좌표의 부호는 어떻게 될까요? 맞습니다. x좌표 $a>0$이고 y좌표 $b>0$인 것을 확인할 수 있습니다. 또한 삼각함수에서 반지름의 길이는 0보다 큰 양의 정수를 의미하므로 $r>0$이라는 것도 쉽게 이해할 수 있겠지요? 그러면 $\sin\theta$, $\cos\theta$, $\tan\theta$의 부호는 어떻게 될까요? 삼각함수의 정의에 따라 살펴보면 다음과 같습니다.

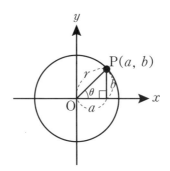

$\sin\theta = \dfrac{b}{r}$: $b>0$이고 $r>0$이므로 $\dfrac{b}{r}>0$

즉, $\sin\theta$는 양(+)의 값을 갖습니다.

$\cos\theta = \dfrac{a}{r}$: $a>0$이고 $r>0$이므로 $\dfrac{a}{r}>0$

즉, $\cos\theta$는 양(+)의 값을 갖습니다.

$\tan\theta = \dfrac{b}{a}$: $a>0$이고 $b>0$이므로 $\dfrac{b}{a}>0$

즉, $\tan\theta$는 양(+)의 값을 갖습니다.

θ가 제2사분면의 각이라고 한다면 점 P의 x좌표와 y좌표의 부호는 어떻게 될까요? 맞습니다. x좌표 $a<0$이고 y좌표 $b>0$인 것을 확인할 수 있습니다. θ가 제3사분면의 각이라고 한다면 점 P의 x좌표와 y좌표의 부호는 어떻게 될까요? x좌표 $a<0$이고 y좌표 $b<0$인 것을 확인할 수 있겠지요? 마지막으로 θ가 제4사분면의 각이라고 한다면 점 P의 x좌표와 y좌표의 부호는 어떻게 될까요? 맞습니다. x좌표 $a>0$이고 y좌표 $b<0$인 것을 확인할 수 있습니다.

반지름 r은 θ가 몇 사분면의 각이냐에 상관없이 항상 $r>0$이라는 사실을 잘 기억하고 $\sin\theta$, $\cos\theta$, $\tan\theta$의 부호를 각각 정리해 보면 다음 장의 표와 같습니다. 또한 $\sin\theta$의 역수로 정의되는 $\mathrm{cosec}\,\theta$, $\cos\theta$의 역수로 정의되는 $\sec\theta$, $\tan\theta$의 역수로 정의되는 $\cot\theta$의 부호는 각각 같게 됩니다. 왜냐하면 역수가 되더라도 부호는 전혀 영향을 받지 않기 때문이지요.

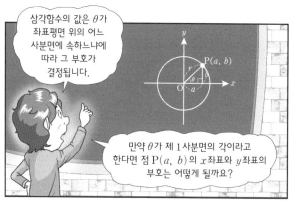

θ가 위치한 사분면	제1사분면	제2사분면	제3사분면	제4사분면
$(a,\ b)$의 부호	$a>0,\ b>0$	$a<0,\ b>0$	$a<0,\ b<0$	$a>0,\ b<0$
$\sin\theta=\dfrac{b}{r}$ $\left(\operatorname{cosec}\theta=\dfrac{r}{b}\right)$	+	+	−	−
$\cos\theta=\dfrac{a}{r}$ $\left(\sec\theta=\dfrac{r}{a}\right)$	+	−	−	+
$\tan\theta=\dfrac{b}{a}$ $\left(\cot\theta=\dfrac{a}{b}\right)$	+	−	+	−

θ가 위치한 사분면	제1사분면	제2사분면	제3사분면	제4사분면
$(a,\ b)$의 부호	$a>0,\ b>0$	$a<0,\ b>0$	$a<0,\ b<0$	$a>0,\ b<0$
$\sin\theta=\dfrac{b}{r}$ $\left(\operatorname{cosec}\theta=\dfrac{r}{b}\right)$	$+$	$+$	$-$	$-$
$\cos\theta=\dfrac{a}{r}$ $\left(\sec\theta=\dfrac{r}{a}\right)$	$+$	$-$	$-$	$+$
$\tan\theta=\dfrac{b}{a}$ $\left(\cot\theta=\dfrac{a}{b}\right)$	$+$	$-$	$+$	$-$

　　삼각함수는 새롭게 배우는 개념이 많고 기억해야 하는 공식이 많으므로 쉽게 기억할 수 있는 방법을 생각해내는 것도 학습에 도움이 됩니다. 위에서 배운 내용을 충분히 이해하였다면 다음과 같은 방법으로 암기해 보세요.

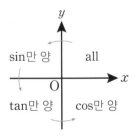

(1) θ가 제1사분면의 각이면 : 모두가 $+$

(2) θ가 제2사분면의 각이면 : sincosec만 $+$

(3) θ가 제3사분면의 각이면 : tancot만 $+$

(4) θ가 제4사분면의 각이면 : cossec만 $+$

※ 암기하는 방법 : 얼(all)-싸(sin)-안(tan)-코(cos)

지금까지 우리가 배운 삼각함수는 어떠한 성질들을 가지고 있을까요? 이러한 성질은 삼각함수를 깊이 있게 이해하는 데 매우 중요하므로 잘 배워 두어야 합니다. 그럼, 지금부터 하나하나 소개하도록 하지요. 먼저 삼각함수들 사이에는 어떠한 관계가 있는지 살펴 봅시다.

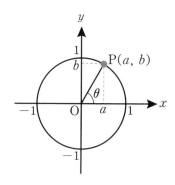

위 그림과 같이 각 θ를 나타내는 동경과 반지름의 길이가 1인 단위원의 교점을 $P(a,\ b)$라고 하면 삼각함수의 정의에 의해

$\sin\theta = b,\ \cos\theta = a,\ \tan\theta = \dfrac{b}{a}$(단, $a \neq 0$) $\cdots$① 이므로

$\tan\theta = \dfrac{\sin\theta}{\cos\theta}$ $\cdots$② 임을 알 수 있습니다.

또한 삼각함수의 정의에 의해

$$\csc\theta=\frac{1}{b}, \quad \sec\theta=\frac{1}{a}, \quad \cot\theta=\frac{a}{b} \ (a\neq0, \ b\neq0) \ \cdots ③ \ \text{이}$$

됩니다.

그런데 식 ①에서 $\sin\theta=b$, $\cos\theta=a$, $\tan\theta=\dfrac{b}{a}$ 라고 하였으므로 이것을 식 ③에 대입하면

$$\csc\theta=\frac{1}{b}=\frac{1}{\sin\theta}, \quad \sec\theta=\frac{1}{a}=\frac{1}{\cos\theta}, \quad \cot\theta=\frac{a}{b}=\frac{1}{\tan\theta}$$

$(a\neq0, \ b\neq0) \ \cdots ④$ 임을 쉽게 이해할 수 있을 것입니다.

또한 위의 식 ②와 식 ④에서 $\tan\theta=\dfrac{\sin\theta}{\cos\theta}$, $\cot\theta=\dfrac{1}{\tan\theta}$ 라고 하였으므로 두 식을 정리하면 $\cot\theta=\dfrac{\cos\theta}{\sin\theta}$ 임을 알 수 있습니다.

그러면 삼각함수 사이의 관계를 한번 정리해 봅시다.

중요 포인트

삼각함수 사이의 관계 (1)

① $\tan\theta=\dfrac{\sin\theta}{\cos\theta}$, $\cot\theta=\dfrac{\cos\theta}{\sin\theta}$

② $\csc\theta=\dfrac{1}{\sin\theta}$, $\sec\theta=\dfrac{1}{\cos\theta}$, $\cot\theta=\dfrac{1}{\tan\theta}$

또 다른 삼각함수와의 관계를 살펴 보도록 합시다. 앞의 그림을 다시 봅시다. 점 $P(a, b)$는 단위원 위의 점이므로 원의 방정식은 $a^2+b^2=1$ …① 이 됩니다.

그런데 $\sin\theta=b$, $\cos\theta=a$이므로 이것을 식 ①에 대입하면 $\sin^2\theta+\cos^2\theta=1$ …② 이 됩니다. 이 식을 조금 더 변형시켜 봅시다.

식 ②의 양변을 $\cos^2\theta$로 나누면 $\dfrac{\sin^2\theta}{\cos^2\theta}+1=\dfrac{1}{\cos^2\theta}$ …③ 이 됩니다.

이것을 우리가 알고 있는 관계식으로 바꾸어 간단히 해봅시다. 그러면 $1+\tan^2\theta=\sec^2\theta$ …④ 의 식이 됩니다. 이해가 안 되는 학생은 앞 장의 식 ①, ②, ③, ④를 다시 한번 확인해 보기 바랍니다.

또한 식 ②의 양변을 $\sin^2\theta$로 나누면 $1+\dfrac{\cos^2\theta}{\sin^2\theta}=\dfrac{1}{\sin^2\theta}$ …⑤ 이 됩니다. 이것도 우리가 알고 있는 관계식으로 바꾸어 간단히 하면 $1+\cot^2\theta=\operatorname{cosec}^2\theta$ …⑥ 가 됩니다.

지금 알아본 삼각함수 사이의 관계를 유도한 식들을 정리해 봅시다.

푸리에가 들려주는 삼각함수 이야기

삼각함수 사이의 관계 (2)

③ $\sin^2 \theta + \cos^2 \theta = 1$

④ $1 + \tan^2 \theta = \sec^2 \theta$, $1 + \cot^2 \theta = \csc^2 \theta$

지금까지 삼각함수 사이에 어떠한 관계가 있는지 알아보았습니다. 삼각함수에 대하여 하나하나 배우다 보니 정말 재미있지요? 무조건 식을 외우려고 하면 잘 외워지지도 않고 그 식이 무엇을 의미하는지 알지 못하기 때문에 다양한 문제에 적용하기가 힘이 듭니다. 그러나 삼각함수의 개념을 잘 알고, 다양하게 변형되는 식이 어디에서 유도되었는지 이해하고 그들 사이의 관계를 파악한다면 정말 흥미진진한 내용이 아닐 수 없습니다.

자, 이제 일반각 θ에 대한 삼각함수의 값을 어떻게 구할 수 있는지 알아보도록 하지요. 먼저 일반각의 정의에 의해서 동경 OP를 나타내는 어떤 한 각의 크기를 θ라 하면 각 XOP의 크기는 $2n\pi + \theta \, (n=0, \pm1, \pm2, \cdots)$로 나타낼 수 있다고 하였습니다.

푸리에가 들려주는 삼각함수 이야기

이때, θ와 $2n\pi+\theta$의 동경은 같으므로 두 각의 동경과 단위원과의 교점은 같게 됩니다. 따라서 θ와 $2n\pi+\theta$의 삼각함수 값은 같아지게 된답니다. 일반각의 정의에 의해 쉽게 이해할 수 있지요? 이 내용을 정리해 보면 다음과 같습니다.

중요 포인트

$2n\pi+\theta$의 **삼각함수** n은 정수

- $\sin(2n\pi+\theta)=\sin\theta$
- $\cos(2n\pi+\theta)=\cos\theta$
- $\tan(2n\pi+\theta)=\tan\theta$

또 다른 경우의 삼각함수 값을 생각해 봅시다. 다음 그림과 같은 단위원에서 동경 OP를 나타내는 각의 크기를 θ라 하면, 동경 OR을 나타내는 각의 크기는 $\pi+\theta$가 됩니다.

이때, 두 점 P, R은 원점에 대하여 서로 대칭이므로 점 P의 좌표를 $(a,\ b)$라고 하면 점 R의 좌표는 $(-a,\ -b)$가 됩니다. 그런데 $a=\cos\theta$, $b=\sin\theta$이므로 다음의 관계식이 성립하는 것을 알 수 있습니다.

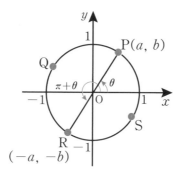

$$\sin(\pi+\theta)=-b=-\sin\theta$$

$$\cos(\pi+\theta)=-a=-\cos\theta$$

$$\tan(\pi+\theta)=\frac{-b}{-a}=\frac{b}{a}=\tan\theta$$

또한 θ대신 $-\theta$를 대입하고 앞에서 배운 삼각함수의 성질을 이용하면 다음이 성립하는 것을 알 수 있습니다.

$$\sin(\pi-\theta)=\sin\{\pi+(-\theta)\}=-\sin(-\theta)=\sin\theta$$

$$\cos(\pi-\theta)=\cos\{\pi+(-\theta)\}=-\cos(-\theta)=-\cos\theta$$

$$\tan(\pi-\theta)=\tan\{\pi+(-\theta)\}=\tan(-\theta)=-\tan\theta$$

이상을 정리하면 각 $\pi\pm\theta$의 삼각함수는 다음과 같습니다.

$\pi \pm \theta$의 삼각함수

- $\sin(\pi+\theta)=-\sin\theta$ $\sin(\pi-\theta)=\sin\theta$
- $\cos(\pi+\theta)=-\cos\theta$ $\cos(\pi-\theta)=-\cos\theta$
- $\tan(\pi+\theta)=\tan\theta$ $\tan(\pi-\theta)=-\tan\theta$

마지막으로 또 다른 경우를 살펴봅시다. 다음 그림과 같은 단위원에서 동경 OP를 나타내는 각의 크기를 θ라고 하면, 동경 OQ를 나타내는 각의 크기는 $\dfrac{\pi}{2}+\theta$가 됩니다. 이때 점 P의 좌표를 $(a,\ b)$라고 한다면 점 Q의 좌표는 $(-b,\ a)$가 됩니다. 그런데 $a=\cos\theta$, $b=\sin\theta$이므로 다음의 관계식이 성립합니다.

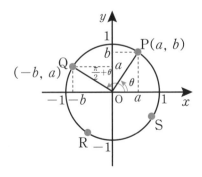

$$\sin\left(\frac{\pi}{2}+\theta\right)=a=\cos\theta$$

$$\cos\left(\frac{\pi}{2}+\theta\right)=-b=-\sin\theta$$

$$\tan\left(\frac{\pi}{2}+\theta\right)=\frac{a}{-b}=-\frac{a}{b}=-\cot\theta$$

또한 위의 식에서 θ 대신에 $-\theta$를 대입하고 삼각함수의 성질을 이용하면 다음이 성립합니다.

$$\sin\left(\frac{\pi}{2}-\theta\right)=\sin\left\{\frac{\pi}{2}+(-\theta)\right\}=\cos(-\theta)=\cos\theta$$

$$\cos\left(\frac{\pi}{2}-\theta\right)=\cos\left\{\frac{\pi}{2}+(-\theta)\right\}=-\sin(-\theta)=\sin\theta$$

$$\tan\left(\frac{\pi}{2}-\theta\right)=\tan\left\{\frac{\pi}{2}+(-\theta)\right\}=-\cot(-\theta)=\cot\theta$$

이상을 정리하면 $\frac{\pi}{2}\pm\theta$의 삼각함수는 다음과 같습니다.

중요 포인트

$$\frac{\pi}{2}\pm\theta\text{의 삼각함수}$$

- $\sin\left(\frac{\pi}{2}+\theta\right)=\cos\theta \qquad \sin\left(\frac{\pi}{2}-\theta\right)=\cos\theta$

$$\cdot \ \cos\left(\frac{\pi}{2}+\theta\right)=-\sin\theta \qquad \cos\left(\frac{\pi}{2}-\theta\right)=\sin\theta$$

$$\cdot \ \tan\left(\frac{\pi}{2}+\theta\right)=-\cot\theta \qquad \tan\left(\frac{\pi}{2}-\theta\right)=\cot\theta$$

지금까지 일반각의 정의와 삼각함수 간의 관계를 이용하여 일반각으로 주어진 삼각함수를 0°에서 90° 사이의 삼각함수로 고칠 수 있게 되었습니다. 이렇게 되면 삼각함수표를 이용하여 삼각함수의 값을 구할 수 있습니다. 물론 호도법으로 나타낸 각의 삼각함수는 육십분법으로 고쳐 삼각함수표를 이용합니다.

이번 시간에는 삼각함수의 여러 가지 성질, 즉 삼각함수 사이의 관계 및 일반각에 대한 삼각함수 값을 구하기 위한 여러 가지 항등식에 대하여 살펴 보았습니다. 이제 삼각함수에 대하여 많은 것을 알게 된 것 같지요? 어렵고 복잡한 내용처럼 보이지만 앞에서 배운 내용을 기억하고 식이 유도되는 과정을 잘 따라온다면 충분히 이해되리라 생각됩니다. 그럼, 오늘은 여기까지 하기로 하지요.

세 번째
수업 정리

❶ 각의 위치에 따른 삼각함수 값의 부호

θ가 위치한 사분면	제1사분면	제2사분면	제3사분면	제4사분면
$(a,\ b)$의 부호	$a>0,\ b>0$	$a<0,\ b>0$	$a<0,\ b<0$	$a>0,\ b<0$
$\sin\theta=\dfrac{b}{r}$ $\left(\text{cosec}\,\theta=\dfrac{r}{b}\right)$	$+$	$+$	$-$	$-$
$\cos\theta=\dfrac{a}{r}$ $\left(\sec\theta=\dfrac{r}{a}\right)$	$+$	$-$	$-$	$+$
$\tan\theta=\dfrac{b}{a}$ $\left(\cot\theta=\dfrac{a}{b}\right)$	$+$	$-$	$+$	$-$

❷ 삼각함수 사이의 관계

① $\tan\theta=\dfrac{\sin\theta}{\cos\theta}$, $\cot\theta=\dfrac{\cos\theta}{\sin\theta}$

② $\text{cosec}\,\theta=\dfrac{1}{\sin\theta}$, $\sec\theta=\dfrac{1}{\cos\theta}$, $\cot\theta=\dfrac{1}{\tan\theta}$

③ $\sin^2\theta+\cos^2\theta=1$

④ $1+\tan^2\theta=\sec^2\theta$, $1+\cot^2\theta=\text{cosec}^2\theta$

❸ 음각공식

- $\sin(-\theta) = -\sin\theta$

- $\cos(-\theta) = \cos\theta$

- $\tan(-\theta) = -\tan\theta$

❹ $2n\pi + \theta$의 삼각함수 n은 정수 (주기공식)

- $\sin(2n\pi + \theta) = \sin\theta$

- $\cos(2n\pi + \theta) = \cos\theta$

- $\tan(2n\pi + \theta) = \tan\theta$

❺ $\pi \pm \theta$의 삼각함수 (보각공식)

- $\sin(\pi + \theta) = -\sin\theta$ $\sin(\pi - \theta) = \sin\theta$

- $\cos(\pi + \theta) = -\cos\theta$ $\cos(\pi - \theta) = -\cos\theta$

- $\tan(\pi + \theta) = \tan\theta$ $\tan(\pi - \theta) = -\tan\theta$

❻ $\dfrac{\pi}{2} \pm \theta$의 삼각함수 (여각공식)

- $\sin\left(\dfrac{\pi}{2} + \theta\right) = \cos\theta$ $\sin\left(\dfrac{\pi}{2} - \theta\right) = \cos\theta$

- $\cos\left(\dfrac{\pi}{2} + \theta\right) = -\sin\theta$ $\cos\left(\dfrac{\pi}{2} - \theta\right) = \sin\theta$

- $\tan\left(\dfrac{\pi}{2} + \theta\right) = -\cot\theta$ $\tan\left(\dfrac{\pi}{2} - \theta\right) = \cot\theta$

sin 함수의 그래프

sin 함수의 그래프는 어떻게 그릴까요?
그래프의 특징도 함께 알아봅니다.

1. sin함수의 그래프를 그릴 수 있습니다.
2. sin함수 그래프의 성질을 이해할 수 있습니다.

미리 알면 좋아요

주기함수 함수 $f(x)$의 정의역에 속하는 모든 x에 대하여 $f(x+p)=f(x)$
가 성립하는 0이 아닌 상수 p가 존재할 때, 함수 $f(x)$를 주기함수라 하고,
이런 상수 p가운데 최소의 양수 p를 함수의 주기라고 합니다.

푸리에의
네 번째 수업

지난 시간에는 삼각함수의 여러 성질에 대하여 알아보았습니다. 새롭게 알게 된 내용들이 많이 있지요? 식이 유도된 원리를 이해하며 잘 기억해 두어야 여러 문제에 적용할 수 있으니 복습하는 것 잊지 않았겠지요?

자, 그러면 삼각함수는 어떠한 그래프를 그리는지 sin함수부터 알아보도록 합시다.

다음 그림의 왼쪽과 같이 각 θ를 나타내는 동경과 단위원의 교점을 P(a, b)라고 하면 $\overline{\mathrm{OP}}=1$이므로 $\sin\theta$의 값은 점 P의 y좌표와 같습니다. 즉, $\sin\theta=b$가 됩니다. 그러면 단위원에서의 각 θ의 값을 가로축에 잡고, 이에 대응하는 $\sin\theta=b$의 값을 세로축에 잡아 $0°\leq\theta\leq90°$의 범위에서 $y=\sin\theta$의 그래프를 그리면 다음과 같습니다.

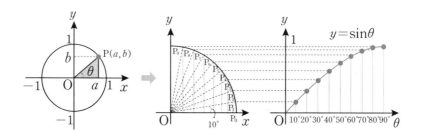

각 θ의 크기를 일반각으로 확장하여 $y=\sin\theta$의 그래프를 그리면 다음 그림과 같습니다.

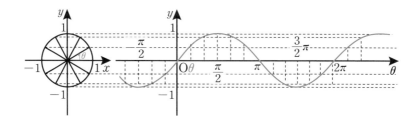

이 그래프를 사인곡선이라고 한답니다.

푸리에가 들려주는 삼각함수 이야기

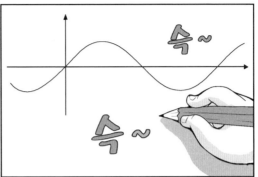

$y=\sin x$의 그래프에 대하여 좀 더 자세히 살펴볼까요? 위의 그래프에서 함수 $y=\sin x$의 정의역은 실수 전체의 집합이고 치역은 $\{y|-1\leq y\leq 1\}$임을 알 수 있습니다. 실제로 $y=\sin x$의 그래프를 그려보면 $\sin x$의 값이 최대일 때는 1이고 최소일 때는 -1이며 $\sin x$의 값이 1과 -1 사이에서 결정되는 것을 알 수 있습니다.

앞의 그림에서 알 수 있듯이 $y=\sin x$의 그래프는 원점에 대하여 대칭입니다. 또한 그래프를 살펴보면 $y=\sin x$의 값은 2π를 간격으로 같은 값이 반복되고 있는 것을 알 수 있습니다. 그러므로 다음 식이 성립된다는 것을 알 수 있겠지요?

$$\sin(x+2\pi)=\sin x$$

이렇게 일정한 간격으로 같은 값이 반복되는 함수를 **주기함수**라고 합니다. 주기함수에 대하여 좀 더 알아볼까요?

일반적으로 상수함수가 아닌 함수 f의 정의역에 속하는 모든 실수 x에 대하여 $f(x+p)=f(x)$를 만족하는 0이 아닌 상수 p가 존재할 때 함수 f를 주기함수라고 합니다. 그리고 이러한 상수 p의 값 중에서 최소의 양수를 함수 f의 주기라고 합니다. 앞에서 살펴보았듯이 $y=\sin x$의 값은 2π를 간격으로 같은 값이 반복되므로 $\sin x=\sin(x+2\pi)$입니다. 따라서 $y=\sin x$의 주기는 2π가 되는 것이지요.

그러면 함수 $y=\sin 2x$의 주기는 어떻게 될까요?

먼저, sin함수의 주기는 2π이므로 $\sin 2x=\sin(2x+2\pi)$가 성립합니다.

만약 $f(x)=\sin 2x$라고 한다면 $f(x)=\sin 2x=\sin(2x+2\pi)$ $=\sin\{2(x+\pi)\}=f(x+\pi)$가 성립하는 것을 알 수 있습니다. 그러면 $f(x)=f(x+\pi)$이므로 $f(x)$, 즉 $\sin 2x$의 주기는 π라는 것을 알 수 있습니다. 결국 $y=\sin 2x$의 그래프는 다음 그림과 같이 $y=\sin x$의 그래프를 x축 방향으로 $\frac{1}{2}$배 축소한 것임을 알 수 있습니다.

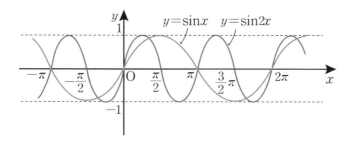

지금까지 살펴본 $y=\sin x$의 성질을 정리해 봅시다.

함수 $y=\sin x$의 성질

1. 정의역은 실수 전체의 집합, 치역은 $\{y \mid -1 \le y \le 1\}$ 입니다.
2. 주기가 2π인 주기함수입니다.
3. 그래프는 원점에 대하여 대칭입니다.

또 다른 예를 통해 $\sin$함수에 대하여 알아봅시다. $y=\sin\dfrac{1}{2}x$의 치역, 최댓값, 최솟값, 주기, 그래프를 살펴봅시다. 먼저, 실수 전체인 정의역에 대한 $y=\sin\dfrac{1}{2}x$의 치역은 $-1 \le y \le 1$인 것을 알 수 있습니다. 왜냐하면 $\sin$함수가 가장 큰 값을 가질 때는 1이고, 가장 작은 값을 가질 때가 -1이며, 1과 -1 사이에서 그

함숫값을 갖기 때문입니다. 예를 들어 $y=\dfrac{\pi}{3}$일 때, $\sin x$와 $\sin\dfrac{1}{2}x$를 비교해 보자면, $\sin x$는 x대신 주어진 각 $\dfrac{\pi}{3}$를 대입하여 $\sin$함숫값을 찾는 것이고, $\sin\dfrac{1}{2}x$는 주어진 각 $\dfrac{\pi}{3}$를 $\dfrac{1}{2}$배한 $\dfrac{\pi}{6}$의 $\sin$값을 찾는 것입니다. 그러므로 $\sin$함수의 최댓값, 최솟값 및 치역에는 전혀 변화가 없다는 것을 알 수 있습니다.

그러면 $y=\sin\dfrac{1}{2}x$의 주기는 어떻게 될까요? 먼저 $\sin$함수의 주기는 2π라는 것을 알고 있습니다. 그러므로 $\sin\dfrac{1}{2}x=\sin\left(\dfrac{1}{2}x+2\pi\right)$라고 할 수 있겠지요? $f(x)=\sin\dfrac{1}{2}x$라 하면,

$$f(x)=\sin\dfrac{1}{2}x=\sin\left(\dfrac{1}{2}x+2\pi\right)=\sin\left\{\dfrac{1}{2}(x+4\pi)\right\}$$

$=f(x+4\pi)$가 성립합니다. 결국 $f(x)=f(x+4\pi)$이므로 함수 $f(x)=\sin\dfrac{1}{2}x$의 주기는 4π인 것을 알 수 있습니다. $\sin x$의 주기는 2π인데 $\sin\dfrac{1}{2}x$의 주기는 4π이므로 $\sin x$의 그래프를 x축 방향으로 2배 확대한 것임을 알 수 있습니다. $\sin\dfrac{1}{2}x$의 그래프를 그리면 아래 그림과 같습니다.

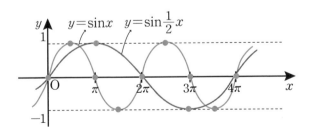

이제 $y=2\sin x$의 치역, 최댓값, 최솟값, 주기, 그래프는 어떻게 되는지 알아봅시다. 먼저, $\sin x$의 치역은 $-1\leq\sin x\leq1$이므로 $2\sin x$의 치역은 $-2\leq2\sin x\leq2$가 되는 것을 쉽게 알 수 있습니다. 그러므로 $2\sin x$의 최댓값은 2, 최솟값은 -2가 됩니다. 그러면 주기와 그래프는 어떻게 될까요? $2\sin x$는 $\sin x$의 주기와 똑같습니다. 왜냐하면 $\sin$함수의 주기에 영향을 주는 x에는 변화가 없기 때문이지요. 따라서 $2\sin x$의 주기는 2π가 됩니다. 이것을 식으로 표현하면, $f(x)=2\sin x=2\sin(x+2\pi)=f(x+2\pi)$, 즉 $f(x)=f(x+2\pi)$가 되므로 $f(x)=2\sin x$의 주기는 2π가 됩니다. 또한 $y=2\sin x$의 그래프는 아래 그림과 같습니다.

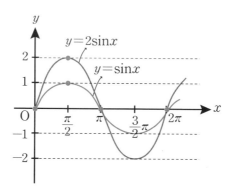

위에서 살펴본 $\sin$함수의 특징을 정리해 보면 다음과 같습니다.

1. $y=\sin ax$의 주기는 $\dfrac{2\pi}{|a|}$가 됩니다.
2. $y=a\sin x$의 치역은 $-|a|\leq a\sin x\leq|a|$이고, 최댓값은 $|a|$, 최솟값은 $-|a|$입니다.

또 다른 예를 들어 봅시다. $y=\sin\left(x-\dfrac{\pi}{3}\right)$그래프는 어떻게 될까요? $y=\sin\left(x-\dfrac{\pi}{3}\right)$는 $\sin x$의 그래프를 x축 방향으로 $\dfrac{\pi}{3}$만큼 평행이동한 것을 의미합니다. 그래프를 그리면 아래 그림과 같습니다. 그림에서 알 수 있듯이 치역, 최댓값, 최솟값, 주기는 $\sin x$와 같습니다.

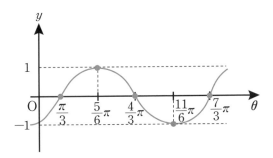

$y=\sin x+2$의 그래프는 어떻게 될까요? $y=\sin x+2$는 $\sin x$의 그래프를 y축 방향으로 2만큼 평행이동한 것을 의미합니

다. 그래프를 그리면 아래와 같습니다. 그림에서 알 수 있듯이 최 댓값은 3, 최솟값은 1이며 따라서 치역은 $1 \leq \sin x + 2 \leq 3$이 됩 니다.

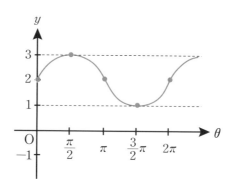

위에서 살펴본 sin함수의 특징을 정리해 보면 다음과 같습니다.

중요 포인트

3. $y = \sin(x-a)$는 $y = \sin x$를 x축 방향으로 a만큼 평 행이동한 것입니다.
4. $y = \sin x + a$는 $y = \sin x$를 y축 방향으로 a만큼 평행 이동한 것입니다.

그러면 또 다른 예를 살펴봅시다. $y = \dfrac{1}{2}\sin\left(2x - \dfrac{\pi}{3}\right) + 1$의

푸리에가 들려주는 삼각함수 이야기

치역, 최댓값, 최솟값, 주기, 그래프 등은 어떻게 될까요? 앞에서 배운 내용을 생각하며 해결해 봅시다. 먼저, $\frac{1}{2}$은 sin함수의 최댓값, 최솟값에 영향을 줍니다. 또한 $+1$은 sin함수의 그래프를 y축 방향으로 1만큼 평행이동한 것이므로 최댓값, 최솟값에 영향을 주지요. 이것을 식으로 나타내면 아래와 같습니다.

$$-1 \leq \sin\left(2x - \frac{\pi}{3}\right) \leq 1$$

$$-\frac{1}{2} \leq \frac{1}{2}\sin\left(2x - \frac{\pi}{3}\right) \leq \frac{1}{2}$$

$$-\frac{1}{2} + 1 \leq \frac{1}{2}\sin\left(2x - \frac{\pi}{3}\right) + 1 \leq \frac{1}{2} + 1$$

$$\frac{1}{2} \leq \frac{1}{2}\sin\left(2x - \frac{\pi}{3}\right) + 1 \leq \frac{3}{2}$$

따라서 최솟값은 $\frac{1}{2}$, 최댓값은 $\frac{3}{2}$이며, 치역은 $\frac{1}{2} \leq y \leq \frac{3}{2}$이 됩니다.

$y = \frac{1}{2}\sin\left(2x - \frac{\pi}{3}\right) + 1$의 주기는 어떻게 될까요? 주기에 영향을 주는 것은 x 앞에 곱해진 값이라는 것을 알고 있지요? 그러면 주기는 $\frac{2\pi}{2} = \pi$라는 것을 알 수 있습니다. 마지막으로 이 함수를 그래프로 그리려면 x축 방향으로 $\frac{\frac{\pi}{3}}{2}\left(=\frac{\pi}{6}\right)$만큼 이동시

켜야 합니다. 그럼 그래프로 한번 그려 볼까요?

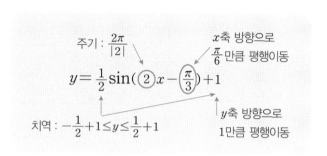

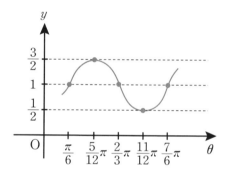

이번에는 절댓값이 있는 sin함수에 대하여 생각해 봅시다. $y=|\sin x|$의 그래프는 어떻게 그릴 수 있을까요? $y=|\sin x|$의 그래프는 함숫값이 항상 0보다 크거나 같게 됩니다. 따라서 $y=\sin x$의 그래프를 먼저 그리고 함숫값이 음수가 되는 부분을 크기는 같고 부호는 양수가 되게 그리면 되지요. 즉, $y=\sin x$의

그래프를 그린 다음 0보다 작은 부분을 x축을 중심으로 접어 올린다고 생각하면 됩니다.

$y = |\sin x|$

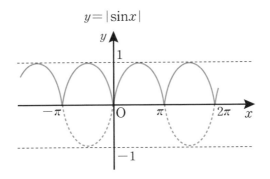

이 함수 $y=|\sin x|$의 치역은 $0\le|\sin x|\le 1$이 되고, 이 그래프는 π를 기준으로 계속 반복됩니다. 따라서 주기는 π인 것을 알 수 있습니다.

그러면 $y=\sin|x|$의 그래프는 어떻게 그릴까요? $y=\sin|x|$는 앞의 경우와 다르게 x에만 절댓값을 한 경우입니다. 절댓값의 정의에 따라 $|x|=x$, $|-x|=x$ $(x>0)$가 되어 결국 둘의 함숫값은 같게 됩니다. 즉, y축 대칭이 되는 것이지요. 따라서 $x>0$일 때, $y=\sin x$의 그래프를 그린 다음 y축 대칭을 시키면 아래 그림과 같이 되는 것이지요.

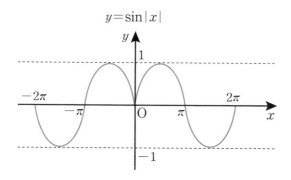

$y=\sin|x|$

이 함수 $y=\sin|x|$의 치역은 $-1\le\sin|x|\le 1$이 되고, 이 그래프는 y축에 대하여 대칭일 뿐 일정한 주기로 반복되고 있지

푸리에가 들려주는 삼각함수 이야기

않으므로 주기는 없다고 할 수 있습니다.

지금까지 sin함수 그래프의 여러 가지 성질과 다양한 경우의 특징을 살펴보았습니다. 그래프를 통해 sin함수에 대하여 좀 더 깊이 공부할 수 있는 기회였다고 생각하고 잘 기억해 두기 바랍니다. 다음 시간에는 cos함수의 그래프에 대하여 공부해 보도록 합시다.

네 번째
수업 정리

❶ $y=\sin\theta$의 그래프

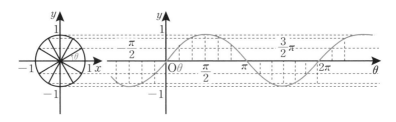

❷ sin함수 그래프의 성질

① 정의역은 실수 전체의 집합이고, 치역은 $\{y \mid -1 \leq y \leq 1\}$입니다.

② 주기가 2π인 주기함수입니다.

③ 그래프는 원점에 대하여 대칭입니다.

④ $y=\sin ax$의 주기는 $\dfrac{2\pi}{|a|}$가 됩니다.

⑤ $y=a\sin x$의 치역은 $-|a| \leq a\sin x \leq |a|$이고, 최댓값은 $|a|$, 최솟값은 $-|a|$입니다.

⑥ $y=\sin(x-a)$는 $y=\sin x$를 x축 방향으로 a만큼 평행이동한 것입니다.

⑦ $y=\sin x+a$는 $y=\sin x$를 y축 방향으로 a만큼 평행이동한 것입니다.

COS 함수의
그래프

COS 함수의 그래프는 어떤 특징을 갖는지 알아봅니다.

1. cos함수의 그래프를 그릴 수 있습니다.
2. cos함수 그래프의 성질을 이해할 수 있습니다.

미리 알면 좋아요

$y = \sin\theta$의 그래프

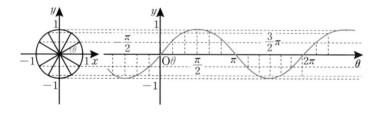

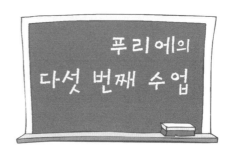

푸리에의
다섯 번째 수업

지난 시간에는 sin함수의 그래프에 대한 여러 가지 성질 및 특징들을 살펴보았습니다. 그래프의 모양을 통해 sin함수를 더 잘 이해했으리라 생각합니다. 이번 시간에는 cos함수에 대하여 알아보도록 하지요.

다음 쪽에 나오는 그림과 같이 각 θ를 나타내는 동경과 단위원과의 교점을 $P(a,\ b)$라고 하면 $\overline{OP}=1$이므로 $\cos\theta$의 값은 점 P의 x좌표와 같습니다. 즉, $\cos\theta = a$입니다.

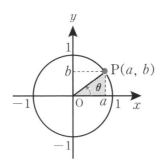

이것을 이용하여 $y=\cos\theta$의 그래프를 그려 봅시다. 단위원의 좌표축을 양의 방향으로 90°만큼 회전한 다음 $y=\sin\theta$의 그래 프와 같은 방법으로 그리면 다음 그림과 같습니다.

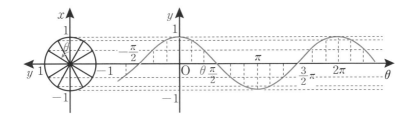

이 그래프를 **코사인곡선**이라고 한답니다.

이제 코사인함수에서 θ를 변수 x로 놓고 좀 더 생각해 봅시다. 위 그래프에서 함수 $y=\cos x$의 정의역은 실수 전체의 집합이고 치역은 $\{y \mid -1\leq y\leq 1\}$임을 알 수 있습니다. 실제로 $y=\cos x$의 그래프를 그려 보면 $\cos x$의 값이 최대일 때는 1이고 최소일 때

는 −1이며 cos$x$의 값이 1과 −1 사이에서 결정되는 것을 알
수 있습니다.

앞의 그림에서 알 수 있듯이 그래프는 y축에 대하여 대칭입니
다. y축을 중심으로 그래프를 접어 보면 완전히 일치하는 것을
알 수 있지요?

또한 그림을 보면 $y=\cos x$의 값은 2π를 간격으로 같은 값이 반복되고 있는 것을 알 수 있습니다. 그러므로 다음과 같은 식이 성립한다는 것을 알 수 있습니다.

$$\cos(x+2\pi)=\cos x$$

지난 시간에 일정한 간격으로 같은 값이 반복되는 함수를 주기함수라고 하였지요. $\sin$함수와 마찬가지로 $\cos$함수도 주기가 2π인 주기함수입니다. 그러면 지금까지 살펴본 $y=\cos x$의 성질을 정리해 봅시다.

중요 포인트

함수 $y=\cos x$의 성질

1. 정의역은 실수 전체의 집합, 치역은 $\{y|-1\leq y\leq 1\}$ 입니다.
2. 주기가 2π인 주기함수입니다.
3. 그래프는 y축에 대하여 대칭입니다.

푸리에가 들려주는 삼각함수 이야기

여러 가지 예를 통하여 cos함수에 대하여 알아봅시다. 먼저 함수 $y=\cos2x$의 주기를 구하고 그 그래프를 그려 보도록 합시다. cos함수의 주기는 2π이므로 $\cos2x=\cos(2x+2\pi)$가 성립합니다. 만약 $f(x)=\cos2x$라고 한다면 $f(x)=\cos2x=\cos(2x+2\pi)=\cos\{2(x+\pi)\}=f(x+\pi)$가 성립하는 것을 알 수 있습니다. 그러면 $f(x)=f(x+\pi)$가 성립하므로 $f(x)$, 즉 $y=\cos2x$의 주기는 π라는 것을 알 수 있습니다. 결국 $y=\cos2x$의 그래프는 아래 그림과 같이 $y=\cos x$의 그래프를 좌우로 $\frac{1}{2}$배 축소한 것임을 알 수 있습니다.

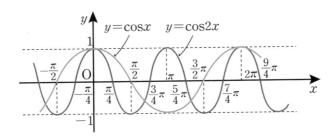

또 다른 예를 들어 봅시다. $y=\cos\frac{1}{3}x$의 치역, 최댓값, 최솟값, 주기, 그래프에 대하여 알아봅시다.

먼저, 실수 전체인 정의역에 대한 $y=\cos\frac{1}{3}x$의 치역은

$-1 \leq y \leq 1$인 것을 알 수 있습니다. 왜냐하면 $\cos$함수는 가장 큰 값을 가질 때는 1이고 가장 작은 값을 가질 때는 -1이며 1과 -1 사이에서 그 함숫값을 갖기 때문이지요.

예를 들어 $x = \dfrac{\pi}{2}$일 때, $\cos x$와 $\cos \dfrac{1}{3}x$를 비교하면 $\cos x$는 x대신 $\dfrac{\pi}{2}$를 대입하여 $\cos$함수의 값을 찾는 것이고 $\cos \dfrac{1}{3}x$는 주어진 각 $\dfrac{\pi}{2}$를 $\dfrac{1}{3}$배한 $\dfrac{\pi}{6}$의 $\cos$값을 찾는 것입니다. 그러므로 $\cos$함수의 최댓값, 최솟값 및 치역에는 전혀 변화가 없다는 것을 알 수 있습니다.

그러면 $y = \cos \dfrac{1}{3}x$의 주기는 어떻게 될까요? $\cos$함수의 주기는 2π라는 것을 알고 있습니다. 그러므로 $\cos \dfrac{1}{3}x = \cos\left(\dfrac{1}{3}x + 2\pi\right)$라고 할 수 있겠지요?

$f(x) = \cos \dfrac{1}{3}x$라 하면, $f(x) = \cos \dfrac{1}{3}x = \cos\left(\dfrac{1}{3}x + 2\pi\right) = \cos\left\{\dfrac{1}{3}\cdot(x + 6\pi)\right\} = f(x + 6\pi)$가 성립하게 됩니다. 결국 $f(x) = f(x + 6\pi)$이므로 함수 $f(x) = \cos \dfrac{1}{3}x$의 주기는 6π인 것을 알 수 있습니다.

$\cos x$의 주기는 2π인데 $\cos \dfrac{1}{3}x$의 주기는 6π이므로 $\cos x$의 그래프를 x축 방향으로 3배 확대한 것임을 알 수 있습니다. $\cos \dfrac{1}{3}x$의 그래프를 그리면 다음과 같습니다.

푸리에가 들려주는 삼각함수 이야기

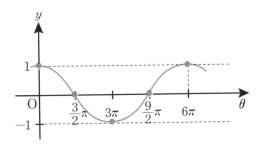

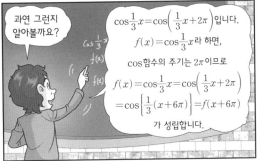

그러면 $y=2\cos x$의 치역, 최댓값, 최솟값, 주기, 그래프는 어떻게 되는지 알아봅시다. $\cos x$의 치역은 $-1 \leq \cos x \leq 1$이므로

$2\cos x$의 치역은 $-2 \leq 2\cos x \leq 2$가 되는 것을 쉽게 알 수 있습니다. 그러므로 $2\cos x$의 최댓값은 2, 최솟값은 -2가 됩니다. 그러면 주기와 그래프는 어떻게 될까요? $2\cos x$는 $\cos x$와 주기가 똑같습니다. 왜냐하면 $\cos$함수의 주기에 영향을 주는 x에는 변화가 없기 때문이지요. 따라서 $2\cos x$의 주기는 2π가 됩니다. 이것을 식으로 표현해 보면, $f(x)=2\cos x=2\cos(x+2\pi)=f(x+2\pi)$, 즉 $f(x)=f(x+2\pi)$가 되므로 $f(x)=2\cos x$의 주기는 2π가 됩니다. 또한 $y=2\cos x$의 그래프는 아래와 같습니다.

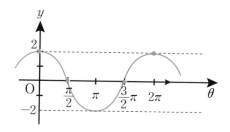

위에서 살펴본 $\cos$함수의 특징을 정리해 보면 다음과 같습니다.

중요 포인트

1. $y=\cos ax$의 주기는 $\dfrac{2\pi}{|a|}$가 됩니다.
2. $y=a\cos x$의 치역은 $-|a| \leq a\cos x \leq |a|$이고, 최댓값은 $|a|$, 최솟값은 $-|a|$입니다.

푸리에가 들려주는 삼각함수 이야기

또 다른 예를 들어 봅시다. $y=\cos\left(x-\dfrac{\pi}{2}\right)$의 그래프는 어떻게 될까요? $y=\cos\left(x-\dfrac{\pi}{2}\right)$는 $\cos x$의 그래프를 x축 방향으로 $\dfrac{\pi}{2}$만큼 평행이동한 것을 의미합니다. 그래프를 그리면 아래 그림과 같습니다. 그림에서 알 수 있듯이 치역, 최댓값, 최솟값, 주기는 $\cos x$와 같습니다.

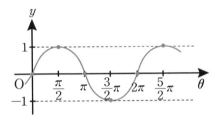

$y=\cos x+2$의 그래프는 어떻게 될까요? $y=\cos x+2$는 $\cos x$의 그래프를 y축 방향으로 2만큼 평행이동한 것을 의미합니다. 그래프를 그리면 아래와 같습니다. 그림에서 알 수 있듯이 최댓값은 3, 최솟값은 1이며 따라서 치역은 $1\le\cos x+2\le3$이 됩니다.

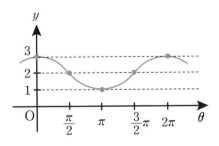

위에서 살펴본 cos함수의 특징을 정리해 보면 다음과 같습니다.

3. $y=\cos(x-a)$는 $y=\cos x$를 x축 방향으로 a만큼 평행이동한 것입니다.
4. $y=\cos x+a$는 $y=\cos x$를 y축 방향으로 a만큼 평행이동한 것입니다.

또 다른 예를 살펴봅시다. $y=2\cos\left(x+\dfrac{\pi}{3}\right)+1$의 치역, 최댓값, 최솟값, 주기, 그래프에 대하여 알아봅시다. 위에서 배운 내용을 생각하며 해결하면 되겠네요. 먼저, 최댓값, 최솟값에 대하여 알아봅시다. cos 앞에 곱해진 2는 cos함수의 최댓값, 최솟값에 영향을 줍니다. 또한 $+1$은 cos함수의 그래프를 y축 방향으로 1만큼 평행이동한 것이므로 이것 또한 최댓값, 최솟값에 영향을 주지요. 이것을 식으로 나타내면 다음과 같습니다.

$$-1\leq\cos\left(x+\frac{\pi}{3}\right)\leq 1$$
$$-2\leq 2\cos\left(x+\frac{\pi}{3}\right)\leq 2$$

$$-2+1 \leq 2\cos\left(x+\frac{\pi}{3}\right)+1 \leq 2+1$$
$$-1 \leq 2\cos\left(x+\frac{\pi}{3}\right)+1 \leq 3$$

따라서 최솟값은 -1, 최댓값은 3이며, 치역은 $-1 \leq y \leq 3$이 됩니다.

그러면 $y=2\cos\left(x+\frac{\pi}{3}\right)+1$의 주기는 어떻게 될까요? 주기에 영향을 주는 것은 x 앞에 곱해진 값이라는 것을 알고 있지요? 그런데 x 앞에 곱해진 값이 없네요. 그렇다면 주기는 cos함수의 주기와 같은 2π가 되는 것을 쉽게 확인할 수 있습니다. 식으로 나타내면 $\frac{2\pi}{|1|}=2\pi$ 이 함수를 그래프로 그리려면 x축 방향으로 $-\frac{\pi}{3}$만큼 이동해야 합니다. 앞에서 $y=\cos(x-a)$는 $y=\cos x$를 x축 방향으로 a만큼 평행이동한 것이라고 했지요? 주어진 식을 위와 같이 바꾸어 보면 $y=2\cos\left\{x-\left(-\frac{\pi}{3}\right)\right\}+1$이 되므로 x축 방향으로 $-\frac{\pi}{3}$만큼 평행이동하면 됩니다. 자, 그러면 그래프로 한번 그려 볼까요?

주기 : $\frac{2\pi}{|1|}=2\pi$

x축 방향으로 $-\frac{\pi}{3}$만큼 평행이동

$$y=2\cos\left(x+\frac{\pi}{3}\right)+1$$

치역 : $-2+1 \leq y \leq 2+1$

y축 방향으로 1만큼 평행이동

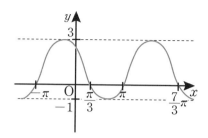

이번에는 절댓값이 있는 cos함수에 대하여 생각해 봅시다. $y=|\cos x|$의 그래프는 어떻게 그릴 수 있을까요? 절댓값이 있는 sin함수와 같이 $y=|\cos x|$의 그래프는 함숫값이 항상 0보다 크거나 같게 됩니다. 따라서 $y=\cos x$의 그래프를 먼저 그리고 함숫값이 음수가 되는 부분을 크기는 같지만 부호는 양수가 되게 그리면 된답니다. 즉, $y=\cos x$의 그래프를 그린 다음 y값이 0보다 작은 음수 부분을 x축을 중심으로 접어 올린다고 생각하면 됩니다.

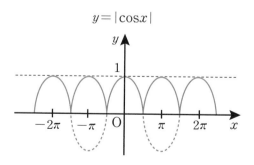

푸리에가 들려주는 삼각함수 이야기

이 함수 $y=|\cos x|$의 치역은 $0\le|\cos x|\le1$이 되고, 이 그래프는 π를 기준으로 계속 반복되고 있으므로 주기는 π인 것을 알 수 있습니다.

$y=\cos|x|$의 그래프는 어떻게 그릴까요? 위와 다르게 x에만 절댓값을 한 경우입니다. 절댓값의 정의에 따라 $|x|=x$, $|-x|=x$ $(x>0)$이므로, 결국 둘의 함숫값은 같게 됩니다. 즉, y축 대칭이 되는 것이지요. 따라서 $x>0$일 때, $y=\cos x$의 그래프를 그리고 y축에 대하여 대칭이동하면 다음과 같이 되는 것이죠.

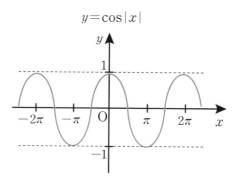

$$y = \cos|x|$$

위의 그림에서 함수 $y = \cos|x|$ 의 치역은 $-1 \le \cos|x| \le 1$ 이 되고, 그래프가 2π마다 일정하게 반복되므로 주기는 2π인 것을 알 수 있습니다.

지금까지 cos함수 그래프의 여러 가지 성질과 다양한 경우에 대한 특징을 살펴보았습니다. 다음 시간에는 tan함수에 대하여 알아보도록 하겠습니다.

푸리에가 들려주는 삼각함수 이야기

:다섯 번째
수업 정리

1 $y = \cos\theta$의 그래프

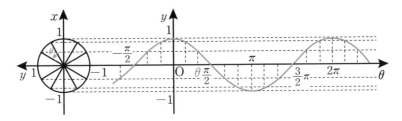

2 cos함수 그래프의 성질

① 정의역은 실수 전체의 집합이고, 치역은 $\{y \mid -1 \leq y \leq 1\}$입니다.

② 주기가 2π인 주기함수입니다.

③ 그래프는 y축에 대하여 대칭입니다.

④ $y = \cos ax$의 주기는 $\dfrac{2\pi}{|a|}$가 됩니다.

⑤ $y = a\cos x$의 치역은 $-|a| \leq a\cos x \leq |a|$이고, 최댓값은 $|a|$, 최솟값은 $-|a|$입니다.

⑥ $y = \cos(x-a)$는 $y = \cos x$를 x축 방향으로 a만큼 평행이동한 것입니다.

⑦ $y = \cos x + a$는 $y = \cos x$를 y축 방향으로 a만큼 평행이동한 것입니다.

tan 함수의
그래프

tan 함수 그래프의 특징을 알아봅니다.

1. tan함수의 그래프를 그릴 수 있습니다.
2. tan함수 그래프의 성질을 이해할 수 있습니다.

미리 알면 좋아요

1. $y=\sin\theta$의 그래프

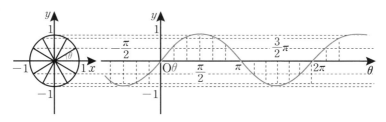

2. $y=\cos\theta$의 그래프

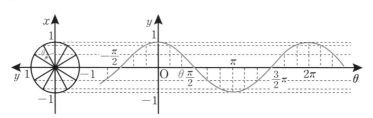

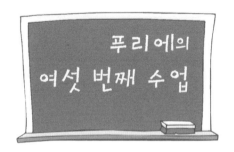

지난 시간에는 cos함수의 그래프에 대한 여러 가지 성질 및 특징들을 살펴보았습니다. 오늘은 tan함수에 대하여 알아보도록 하지요.

아래 그림과 같이 각 θ를 나타내는 동경과 단위원과의 교점을 $P(a,\ b)$라고 합시다. 그런데 sin함수나 cos함수와는 달리 tan함수는 $\overline{OP}=1$이라는 것은 별로 도움이 되지 않습니다. tan함수를 쉽게 살펴보기 위해서는 분모가 1이 되면 편리한데

$\tan\theta = \dfrac{b}{a}$이므로 분모가 1로 간단하게 표현되지 않기 때문이지요. 그래서 우리는 밑변의 길이 a를 1로 하여 생각해 보겠습니다. 단위원 위의 점 $(1, 0)$에서 접선을 아래 그림과 같이 그리고, 그 접선과 동경 OP의 연장선의 교점을 $T(1, t)$라 합시다. 그러면 $\tan\theta = \dfrac{t}{1} = t$라는 식이 성립하는 것을 알 수 있습니다.

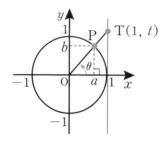

이제 각 θ의 값을 가로축에 잡고, 이에 대응하는 $\tan\theta$의 값, 즉 t의 값을 세로축에 잡아 $y = \tan\theta$의 그래프가 어떻게 그려지는지 살펴봅시다.

먼저, θ가 0일 때는 0이라는 것을 쉽게 알 수 있을 것입니다. 그리고 θ값이 커짐에 따라 $\tan\theta$, 즉 t의 값도 점점 커지는 것을 알 수 있습니다. θ의 값이 $\dfrac{\pi}{2}$에 가까워질수록 t의 값은 어떻게 될까요? 무한대의 값으로 커지면서 결국 $\dfrac{\pi}{2}$에서는 정의되지 않는다는 것을 알 수 있겠지요? 또한 θ값이 음의 방향으로 커짐에

푸리에가 들려주는 삼각함수 이야기

따라 $\tan\theta$, 즉 t의 값도 점점 음의 방향으로 커지는 것을 알 수 있습니다. 물론 θ의 값이 $-\dfrac{\pi}{2}$에 가까워질수록 음의 무한대의 값으로 가면서 정의되지 않는다는 것도 쉽게 알 수 있지요.

이렇게 $\tan$함수의 그래프는 $-\dfrac{\pi}{2}$에서 $\dfrac{\pi}{2}$ 사이에 그려진 그래프가 계속 반복되어 아래 그림과 같이 됩니다. 그래프를 보고 직관적으로 이해할 수도 있겠지만 실제로 나머지 부분도 확인해 보도록 합시다.

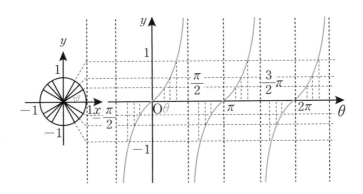

위와 같이 그려진 것을 $\tan$함수의 그래프, **탄젠트곡선**이라고 합니다.

이 $\tan$함수의 그래프는 중요한 몇 가지 사항이 있습니다. θ가 $\pm\dfrac{\pi}{2}$, $\pm\dfrac{3\pi}{2}$, $\pm\dfrac{5\pi}{2}$, …일 때에는 $\tan\theta$의 값이 정의되지 않는다는 것입니다. 이것을 좀 더 일반적으로 설명해 봅시다. θ가

$n\pi + \dfrac{\pi}{2}$ n은 정수일 때, 각 θ를 나타내는 동경 OP는 y축 위에 있음을 알 수 있습니다.

이때, 점 P의 x좌표는 0이므로 $\tan\theta$의의 값은 정의되지 않는다는 것을 알 수 있습니다. 또한 $\theta = n\pi + \dfrac{\pi}{2}$ n은 정수는 모두 $y = \tan\theta$ 그래프의 점근선이 됩니다. 그리고 그래프에서 $\tan$함수의 주기는 π가 되고, 그래프는 원점에 대하여 대칭이라는 사실도 알 수 있습니다.

그러면 $\tan$함수의 정의역과 치역, 최댓값, 최솟값은 어떻게 될까요?

위에서 우리가 살펴본 바와 같이 θ가 $\pm\dfrac{\pi}{2}$, $\pm\dfrac{3\pi}{2}$, $\pm\dfrac{5\pi}{2}$, $\cdots$ 일 때에는 $\tan\theta$의 값이 정의되지 않는다는 것을 알았습니다. 따라서 정의역은 $n\pi + \dfrac{\pi}{2}$ n은 정수를 제외한 실수 전체의 집합이 되고, $\tan\theta$의 값이 양의 무한대, 음의 무한대로 점점 커지거나 작아지는 값을 가지므로 치역은 실수 전체의 집합이 됩니다. 뿐만 아니라 최대, 최소의 값은 $\sin$함수나 $\cos$함수와 달리 하나의 값으로 정할 수 없게 되는 것이지요.

그럼 지금까지 배운 $\tan$함수의 그래프에 관한 기본적인 내용을 정리해 봅시다.

푸리에가 들려주는 삼각함수 이야기

함수 $y=\tan x$의 성질

1. 정의역은 $n\pi+\dfrac{\pi}{2}$ n은 정수를 제외한 실수 전체의 집합이고, 치역은 실수 전체의 집합입니다.
2. 주기가 π인 주기함수입니다.
3. 그래프는 원점에 대하여 대칭입니다.
4. 점근선의 방정식은 $x=n\pi+\dfrac{\pi}{2}$ n은 정수입니다.

예를 통해 tan함수에 대하여 자세히 살펴보도록 하지요. 함수 $y = \tan\frac{1}{2}x$의 정의역, 치역, 최댓값, 최솟값, 주기, 그래프는 어떻게 될까요?

$y = \tan x$에서 x가 $\pm\frac{\pi}{2}$, $\pm\frac{3\pi}{2}$, $\pm\frac{5\pi}{2}$, …일 때에는 $\tan x$의 값이 정의되지 않는다는 것을 배웠습니다. 그러면 $y = \tan\frac{1}{2}x$의 정의역은 어떻게 될까요? 이해를 돕기 위해 $y = \tan\frac{1}{2}x$에서 $\frac{1}{2}x$를 문자 t로 두고 생각해 봅시다. 식이 어떻게 변하지요? 맞습니다. $y = \tan t$가 됩니다. 그러면, 위와 같이 t가 $\pm\frac{\pi}{2}$, $\pm\frac{3\pi}{2}$, $\pm\frac{5\pi}{2}$, …일 때 $\tan t$의 값이 정의되지 않는 것을 알 수 있지요.

그런데 우리는 사실 어떤 값이 알고 싶었나요? 맞습니다. $\tan\frac{1}{2}x$의 값이 정의되지 않는 x를 알고 싶었지요. 어떻게 하면 될까요? t의 값에 2배를 하면 x의 값을 쉽게 구할 수 있겠지요? 식으로 나타내면, $t = \frac{1}{2}x \Leftrightarrow x = 2t$ t에 2배를 하면, x가 $\pm\pi$, $\pm3\pi$, $\pm5\pi$, …일 때 $y = \tan\frac{1}{2}x$의 값이 정의되지 않고 양의 무한대, 음의 무한대로 진행된다는 것을 알 수 있습니다.

정리해 보면, $y = \tan\frac{1}{2}x$의 정의역은 $(2n+1)\pi_n$은 정수를 제외한 실수 전체의 집합이 됩니다. 또한, tan함수의 값이 양의 무한대, 음의 무한대로 계속 나아가기 때문에 최댓값, 최솟값을 정할 수 없으므로 치역은 실수 전체 집합이라고 할 수 있습니다.

다음은 주기에 대하여 알아보도록 합시다. $y=\tan x$ 함수는 주기가 π라고 했으므로 $\tan\frac{1}{2}x=\tan\left(\frac{1}{2}x+\pi\right)$인 것을 쉽게 알 수 있습니다.

그러면 $f(x)=\tan\frac{1}{2}x$라 하고 식을 정리해 봅시다.

$$
\begin{aligned}
f(x) &= \tan\frac{1}{2}x \\
&= \tan\left(\frac{1}{2}x+\pi\right) \quad\longleftarrow\quad \text{tan}x\text{의 주기가 }\pi\text{이므로} \\
&= \tan\left\{\frac{1}{2}(x+2\pi)\right\} \quad\longleftarrow\quad \text{식의 성질을 이용해 }\frac{1}{2}\text{을 괄호 밖으로 뺌} \\
&= f(x+2\pi) \quad\longleftarrow\quad \begin{array}{l}\text{앞에서 }\tan\frac{1}{2}x\text{를 }f(x)\text{라고 했으므로} \\ \tan\left\{\frac{1}{2}\cdot(x+2\pi)\right\}\text{는 }f(x+2\pi)\text{가 됨}\end{array}
\end{aligned}
$$

결국 위의 식에서 $f(x)=f(x+2\pi)$인 것을 알 수 있으므로 $y=\tan\frac{1}{2}x$의 주기는 2π임을 알 수 있습니다. 지금까지 살펴본 정의역, 치역, 주기를 이용하여 $y=\tan\frac{1}{2}x$의 그래프를 그리면 오른쪽과 같습니다.

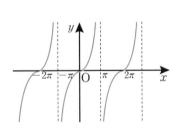

다른 예를 들어 탄젠트함수에 대하여 알아보도록 하지요. $y=\tan\left(2x+\dfrac{\pi}{2}\right)$의 정의역, 치역, 최댓값, 최솟값, 주기, 그래프는 어떻게 될까요?

먼저, $y=\tan x$는 x가 $\pm\dfrac{\pi}{2}$, $\pm\dfrac{3\pi}{2}$, $\pm\dfrac{5\pi}{2}$, …일 때는 $\tan x$의 값이 정의되지 않는다는 것을 배웠습니다. 그러면 $y=\tan\left(2x+\dfrac{\pi}{2}\right)$의 정의역은 어떻게 될까요? 이해를 돕기 위해 $2x+\dfrac{\pi}{2}$를 문자 t로 두고 생각해 봅시다. 식이 어떻게 변하지요? 맞습니다. $y=\tan t$가 됩니다. 그러면, 위에서와 같이 t가 $\pm\dfrac{\pi}{2}$, $\pm\dfrac{3\pi}{2}$, $\pm\dfrac{5\pi}{2}$, …일 때 $\tan t$의 값이 정의되지 않는 것을 알 수 있지요.

그런데 우리는 사실 어떤 값이 알고 싶었나요? 맞습니다. $y=\tan\left(2x+\dfrac{\pi}{2}\right)$의 값이 정의되지 않는 x를 알고 싶었지요. 어떻게 하면 될까요?

$t=2x+\dfrac{\pi}{2} \Leftrightarrow 2x=t-\dfrac{\pi}{2} \Leftrightarrow x=\dfrac{t}{2}-\dfrac{\pi}{4}$인 것을 알 수 있지요. 따라서 t에 $\dfrac{1}{2}$배를 한 다음 $\dfrac{\pi}{4}$를 빼 주면 정의되지 않는 값을 알 수 있을 것입니다. 실제로 해 보면 x가 $\pm\dfrac{1}{2}\pi$, $\pm\dfrac{2}{2}\pi$, $\pm\dfrac{3}{2}\pi$, …일 때 $y=\tan\left(2x+\dfrac{\pi}{2}\right)$값이 정의되지 않고 양의 무한대, 음의 무한대로 진행된다는 것을 알 수 있습니다. 좀 더 일

반적으로 정리해 보자면 $y=\tan\!\left(2x+\dfrac{\pi}{2}\right)$의 정의역은 $\pm\dfrac{n}{2}\pi$

단, n은 정수를 제외한 실수 전체의 집합이 됩니다.

그러면 치역은 어떻게 될까요? $\tan$함수의 값이 무한대로 계속 진행되므로 실수 전체의 집합이 되겠지요.

그럼 $y=\tan\!\left(2x+\dfrac{\pi}{2}\right)$의 주기는 어떻게 될까요? 앞의 $\sin$ 함수나 $\cos$함수에서도 알 수 있듯이 함수의 주기에 영향을 주는 것은 각에 대한 변수 x 앞에 곱해진 계수입니다. $\tan$함수의 주기는 원래 π인데 각을 2배만큼 곱해 주므로 주기는 $\dfrac{1}{2}$배가 되는 것을 알 수 있지요. 따라서 $y=\tan\!\left(2x+\dfrac{\pi}{2}\right)$의 주기는 $\dfrac{\pi}{2}$인 것입니다. 또한 이 탄젠트함수의 그래프는 x축 방향으로 $\dfrac{\pi}{2}\left(=\dfrac{\pi}{4}\right)$만큼 평행이동한 것입니다. 지금까지 찾아낸 사실들을 기억하며 $y=\tan\!\left(2x+\dfrac{\pi}{2}\right)$의 그래프를 실제로 그리면 아래 그림과 같습니다.

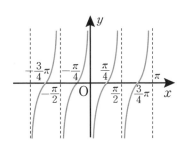

이번에는 절댓값이 있는 tan함수에 대하여 생각해 봅시다. 먼저 $y=|\tan x|$의 그래프는 어떻게 그릴까요? 맞습니다. 절댓값이 없는 $y=\tan x$의 그래프를 그린 뒤 x축 아랫부분을 x축에 대하여 대칭이동하면 되겠지요. 실제로 그려보면 아래 그림과 같습니다.

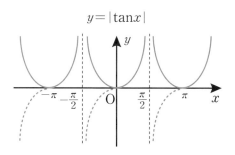

그래프에서 알 수 있듯이 $y=\tan x$와 마찬가지로 정의역은 $(2n+1)\pi$ n은 정수를 제외한 실수 전체의 집합이 되고, 치역은 0 이상의 모든 실수가 되겠네요. 주기는 어떤가요? 주기 역시 $y=\tan x$와 마찬가지로 π인 것을 쉽게 알 수 있습니다. 또한 $y=|\tan x|$ 그래프는 y축에 대하여 대칭인 것도 확인할 수 있겠습니다.

그렇다면 $y=\tan|x|$의 그래프는 어떻게 될까요? 이것은 $x>0$일 때의 그래프, 즉 y축의 오른쪽 부분만을 그린 뒤 그것을

푸리에가 들려주는 삼각함수 이야기

y축에 대하여 대칭이 되도록 하면 됩니다. 실제로 그래프를 그려 보면 아래 그림과 같습니다.

$$y = \tan|x|$$

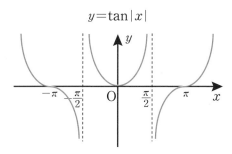

그래프에서 정의역은 $(2n+1)\pi$ n은 정수를 제외한 실수 전체의 집합이 되고, 치역은 실수 전체의 집합인 것을 알 수 있습니다. 또한 $y=\tan|x|$는 일정한 주기로 반복되지 않으므로 $-\dfrac{\pi}{2}$ $\leq x \leq \dfrac{\pi}{2}$일 때를 보세요 주기는 없다고 할 수 있고, 이 그래프는 y축 대칭인 것을 알 수 있습니다.

지금까지 tan함수의 여러 가지 내용을 예시를 통해 알아보았습니다. 오늘 배운 내용을 잘 기억해두어야 앞으로 삼각함수를 이용한 방정식, 부등식, 여러 가지 삼각함수의 응용 등을 학습할 수 있답니다. 내용이 많고 복잡하더라도 하나하나 이해하며 익히도록 합시다. 그럼 다음 시간에 만나요.

✦ 여섯 번째
수업 정리

❶ tan함수의 그래프

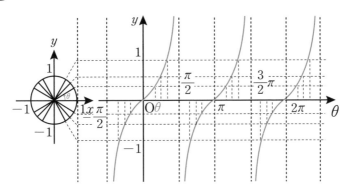

❷ tan함수의 그래프의 성질

① 정의역은 $n\pi+\dfrac{\pi}{2}$ n은 정수를 제외한 실수 전체의 집합이고, 치역은 실수 전체의 집합입니다.

② 주기가 π인 주기함수입니다.

③ 그래프는 원점에 대하여 대칭입니다.

④ 점근선의 방정식은 $x=n\pi+\dfrac{\pi}{2}$ n은 정수입니다.

삼각방정식과
삼각부등식

삼각방정식과 삼각부등식의 개념을 이해하고
계산해 봅니다.

일곱 번째 학습 목표

1. 삼각방정식의 개념을 알고 풀 수 있습니다.
2. 삼각부등식의 개념을 알고 풀 수 있습니다.

미리 알면 좋아요

1. 일차방정식의 성질과 풀이 방법

1) 일차방정식의 성질

① 양변에 같은 수를 더하여도 등식은 성립한다.

② 양변에서 같은 수를 빼도 등식은 성립한다.

③ 양변에 같은 수를 곱하여도 등식은 성립한다.

④ 양변을 0이 아닌 같은 수로 나누어도 등식은 성립한다.

2) 일차방정식의 풀이 방법

① 분모가 있으면, 먼저 분모의 최소공배수를 곱하여 분모를 없앤다.

② 괄호가 있으면 괄호를 푼다.

③ 미지항은 좌변, 상수항은 우변으로 이항한다.

④ 동류항을 정리하여 간단히 한다.

⑤ 미지항의 계수로 양변을 나눈다.

2. 일차부등식의 성질과 풀이 방법

1) 부등식의 성질

① $a>b$이고 $b>c$이면, $a>c$이다.

② $a>b$이면, $a+c>b+c$, $a-c>b-c$이다.

③ $a>b$이고 $c>0$이면, $ac>bc$, $\dfrac{a}{c}>\dfrac{b}{c}$이다.

④ $a>b$이고 $c<0$이면, $ac<bc$, $\dfrac{a}{c}<\dfrac{b}{c}$이다.

2) 일차부등식의 풀이 방법

① $ax>b$ 또는 $ax<b$의 꼴로 변형한다.

② 일차항의 계수로 양변을 나눈다.

ⅰ) $a>0$이면, $x>\dfrac{b}{a}$ 부등호 그대로

ⅱ) $a<0$이면, $x<\dfrac{b}{a}$ 부등호 반대로

ⅲ) $a=0$이면, $b\geq0$일 때, 해는 없다.

　　　　　　$b<0$일 때, x는 모든 실수이다.

Euler
$\prod \frac{1}{1-\frac{1}{p^s}} = \sum \frac{1}{n^s}$

푸리에의
일곱 번째 수업

지난 시간에는 탄젠트함수에 대하여 알아보았습니다. 탄젠트함수의 정의역, 주기, 그래프 그리기 등의 내용을 잘 기억해 두어야겠습니다.

그러면 이번 시간에는 삼각방정식과 삼각부등식에 대하여 알아보도록 하지요.

먼저, 삼각방정식이란 삼각함수의 각의 크기를 미지수로 하는 방정식을 말합니다. 예를 들어 $\sin x = \dfrac{1}{2}$, $\cos x = -\dfrac{1}{2}$,

$\tan x = \sqrt{3}$ 등과 같은 방정식이 삼각방정식입니다. 그러면 이러한 삼각방정식의 해는 어떻게 구하는 것일까요?

1. 동경을 이용하는 방법

   문제의 조건에 맞게 사분면 위에 동경을 그리고 그 동경을 나타내는 각 x의 값을 찾습니다.

2. 삼각함수의 그래프를 이용하는 방법

   주어진 삼각방정식 $\sin x = k$, $\cos x = k$, $\tan x = k$에서 $y = \sin x$또는 $\cos x$, $\tan x$ 그래프와 $y = k$ 그래프의 교점의 x좌표를 구합니다.

위에서 소개한 두 가지 방법을 이용하여 실제로 풀어 보도록 합시다. $0 \leq x \leq 2\pi$일 때, 삼각방정식 $\sin x = \dfrac{1}{2}$의 해를 구하면 어떻게 될까요?

먼저, 동경을 이용하여 구해 봅시다. $\sin x = \dfrac{1}{2}$에서 $\sin x > 0$이므로 x는 다음 그림과 같이 제1, 2사분면의 각인 것을 알 수 있습니다. 따라서 문제에 알맞은 동경은 $x = \dfrac{\pi}{6}$, $\dfrac{5\pi}{6}$임을 알 수 있습니다.

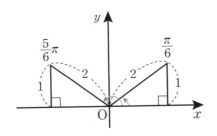

이번에는 삼각함수의 그래프를 이용하여 구해 봅시다.

$\sin x = \dfrac{1}{2}$에서 $y = \sin x$와 $y = \dfrac{1}{2}$의 그래프를 그리면 아래와 같이 두 개의 교점이 생기는 것을 알 수 있습니다. 교점의 x좌표를 구하면 $x = \dfrac{\pi}{6}$, $\dfrac{5\pi}{6}$입니다.

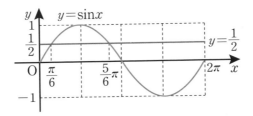

자, 위의 문제를 풀면서 느꼈겠지만, 그래프의 교점을 찾았다 하더라도 삼각함수의 특수각에 대한 값을 모른다면 x좌표를 구하기 힘들 것입니다. 따라서 특수각에 대한 삼각함수의 값을 잘 정리하여 반드시 기억하고 있어야 합니다.

삼각방정식이란 삼각함수의 각의 크기를 미지수로 하는 방정식을 말합니다. 삼각방정식의 해를 구하는 방법은 두 가지가 있습니다.

첫째, 동경을 이용한다. 둘째, 삼각함수의 그래프를 이용한다.

	0	$\dfrac{\pi}{6}$	$\dfrac{\pi}{4}$	$\dfrac{\pi}{3}$	$\dfrac{\pi}{2}$
sin	0	$\dfrac{1}{2}$	$\dfrac{1}{\sqrt{2}}$	$\dfrac{\sqrt{3}}{2}$	1
cos	1	$\dfrac{\sqrt{3}}{2}$	$\dfrac{1}{\sqrt{2}}$	$\dfrac{1}{2}$	0
tan	0	$\dfrac{1}{\sqrt{3}}$	1	$\sqrt{3}$	정의되지 않음

그리고 아주 중요한 사실, 특수각에 대한 삼각함수의 값을 반드시 기억하고 있어야 합니다.

특수각은 외워야겠군요?

구구단도 외웠는데 이 정도는 외울 수 있겠지요.

구구단보다는 많이 어려운데요.

네가 불평할 동안에 나는 이미 외웠는걸.

$\tan\dfrac{\pi}{6}$ 는?

어~ 그게 그러니까…… 쩝~ 아직 좀 더 외워야겠군.

내가 먼저 외우겠어!

푸리에가 들려주는 삼각함수 이야기

	0	$\dfrac{\pi}{6}$	$\dfrac{\pi}{4}$	$\dfrac{\pi}{3}$	$\dfrac{\pi}{2}$
sin	0	$\dfrac{1}{2}$	$\dfrac{1}{\sqrt{2}}$	$\dfrac{\sqrt{3}}{2}$	1
cos	1	$\dfrac{\sqrt{3}}{2}$	$\dfrac{1}{\sqrt{2}}$	$\dfrac{1}{2}$	0
tan	0	$\dfrac{1}{\sqrt{3}}$	1	$\sqrt{3}$	정의되지 않음

다른 예를 통해 삼각방정식의 풀이 방법을 익혀보도록 합시다. $0 \le x \le 2\pi$일 때 방정식 $\cos x = -\dfrac{1}{2}$을 풀어 봅시다. 먼저, 동경을 이용하면 $\cos x = -\dfrac{1}{2}$에서 $\cos x < 0$이므로 x는 아래 그림과 같이 제2, 3사분면의 각인 것을 알 수 있습니다. 따라서 구하고자 하는 동경은 $x = \dfrac{2}{3}\pi$, $\dfrac{4}{3}\pi$인 것을 알 수 있습니다.

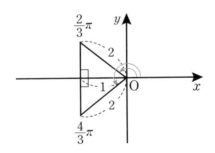

이번에는 코사인함수의 그래프를 이용해서 풀어 봅시다. 먼저, $\cos x = -\dfrac{1}{2}$에서 $y = \cos x$와 $y = -\dfrac{1}{2}$의 그래프를 그려서 두

그래프의 교점의 x좌표를 구하면 그림과 같이 $x=\dfrac{2}{3}\pi$, $\dfrac{4}{3}\pi$가 되는 것을 알 수 있습니다.

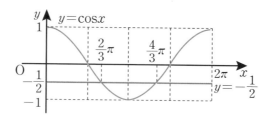

또 다른 예를 볼까요? $0 \le x \le 2\pi$일 때, $\tan x = \sqrt{3}$의 방정식을 풀어 봅시다. 먼저 동경을 이용하여 구해 봅시다. $\tan x = \sqrt{3}$에서 $\tan x > 0$이므로 x는 제1, 3사분면의 각인 것을 알 수 있습니다. 따라서 문제에 알맞은 동경은 $x=\dfrac{\pi}{3}$, $\dfrac{4}{3}\pi$인 것입니다.

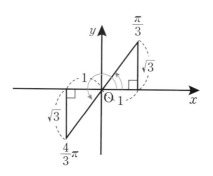

그러면 탄젠트함수의 그래프를 이용해서 방정식을 풀어 볼까

푸리에가 들려주는 삼각함수 이야기

요? $\tan x=\sqrt{3}$에서 $y=\tan x$와 $y=\sqrt{3}$의 그래프를 그려서 두 그래프의 교점의 x좌표를 구하면 $x=\dfrac{\pi}{3},\ \dfrac{4}{3}\pi$인 것을 알 수 있습니다.

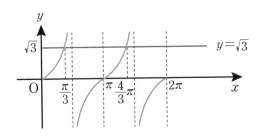

지금까지 간단한 예를 이용해서 삼각방정식을 푸는 방법을 알아보았습니다. 예제에서도 알 수 있듯이 삼각방정식에서 조건으로 주어진 각의 범위는 매우 중요한 역할을 합니다.

이렇게 $0\leq x\leq\pi$, $0\leq x\leq 2\pi,\cdots$ 등과 같이 각의 범위가 제한되어 있는 경우의 해를 특수해라고 합니다. 반면, 문제에서 x의 제한이 없는 경우의 해를 일반해라고 합니다.

일반해의 경우는 각의 범위가 제한되어 있지 않기 때문에 방정식의 해가 되는 수많은 각을 구할 수 있겠지요. 그러나 대부분의 문제에서는 각의 범위를 주고 특수해를 구하도록 요구하는 경우가 많답니다.

자, 지금까지는 간단한 삼각방정식에 대하여 살펴보았습니다. 이제 조금 더 복잡한 경우의 삼각방정식을 풀어 보며 삼각방정식에 대한 개념, 풀이 방법, 조건에 맞는 해 구하기, 삼각함수의 그래프 그리기 등의 연습을 해 보도록 합시다.

주어진 삼각방정식이 $\sin x$, $\cos x$, $\tan x$가 혼합되어 있을 때는 어떻게 해결하는지 예제를 통해 살펴보도록 하지요.

$0 \leq x \leq 2\pi$일 때, $2\cos^2 x + \sin x = 1$을 풀어 봅시다. 먼저 삼각함수가 혼합되어 있을 때는 한 종류의 삼각함수로 통일해 주어야 합니다. $\sin^2 x + \cos^2 x = 1$인 것을 알고 있으므로 이것을 이용하여 식을 변형하면

$$2\cos^2 x + \sin x = 1$$
$$2(1 - \sin^2 x) + \sin x = 1$$
$$2\sin^2 x - \sin x - 1 = 0$$
$$(2\sin x + 1)(\sin x - 1) = 0$$
$$\therefore \sin x = -\frac{1}{2} \ \text{또는} \ \sin x = 1$$

인 것을 알 수 있습니다. 그런데 문제의 조건에서 $0 \leq x \leq 2\pi$라고 했으므로

$$\sin x = -\frac{1}{2} \text{ 이면 } x = \frac{7}{6}\pi, \ \frac{11}{6}\pi$$
$$\sin x = 1 \text{이면 } x = \frac{\pi}{2}$$

인 것을 알 수 있습니다.

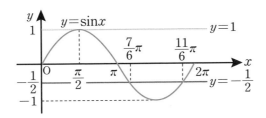

지금까지 삼각방정식에 대하여 살펴보았습니다. 이번에는 삼각부등식에 대하여 알아보도록 하지요.

삼각부등식이란 삼각함수의 각의 크기를 미지수로 하는 부등식을 말합니다. 몇 가지 예제를 통해서 삼각부등식에 대하여 알아보겠습니다. $0 \leq x \leq 2\pi$일 때 삼각부등식 $\sin x \geq \frac{1}{\sqrt{2}}$을 풀어봅시다.

풀이 방법은 삼각방정식과 마찬가지입니다. $\sin x \geq \dfrac{1}{\sqrt{2}}$ 에서 $y = \sin x$ ···①, $y = \dfrac{1}{\sqrt{2}}$ ···② 두 그래프를 다음과 같이 그립니다.

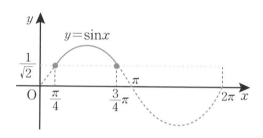

두 그래프를 그린 다음 ①의 그래프가 ②의 그래프보다 위에 있는 x의 범위를 구하면 $\dfrac{\pi}{4} \leq x \leq \dfrac{3}{4}\pi$가 됩니다.

삼각부등식을 푸는 방법은 어떤가요? 삼각방정식과 같은 방법으로 먼저 그래프를 그린 후 조건에 맞는 x의 범위를 찾아 주면 되는 것이지요. 또 다른 문제를 통해 삼각부등식을 살펴볼까요?

$0 \leq x \leq 2\pi$일 때 삼각부등식 $\sin x \leq \cos x$를 풀어봅시다. $\sin x \leq \cos x$에서 $y = \sin x$ $\cdots$①, $y = \cos x$ $\cdots$② 두 그래프를 아래 그림과 같이 그립니다.

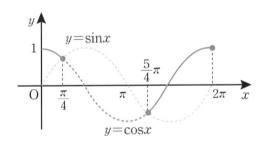

그래프에서 두 그래프가 만나거나 ②의 그래프가 ①의 그래프보다 위에 있는 범위를 구하면 $0 \leq x \leq \dfrac{\pi}{4}$, $\dfrac{5}{4}\pi \leq x \leq 2\pi$가 됩니다.

이번에는 $\sin x$, $\cos x$, $\tan x$가 혼합되어 있는 삼각부등식은 어떻게 해결할까요? 풀이 방법은 삼각방정식의 경우와 마찬가지 입니다. 즉 한 종류의 삼각함수로 통일해 준 다음 부등식을 풀면 됩니다.

예제를 통해 자세히 살펴봅시다.

$0 \leq x \leq 2\pi$일 때, 삼각부등식 $2\sin^2 x - 3\cos x \leq 0$을 풀면 다음과 같습니다.

우리는 $\sin^2 x + \cos^2 x = 1$인 것을 알고 있습니다. 따라서 이것을 이용하여 식을 변형해 보면 다음과 같습니다.

$$2\sin^2 x - 3\cos x \leq 0$$
$$2(1 - \cos^2 x) - 3\cos x \leq 0$$
$$2\cos^2 x + 3\cos x - 2 \geq 0$$
$$(2\cos x - 1)(\cos x + 2) \geq 0$$

그런데 $-1 \leq \cos x \leq 1$이므로 $1 \leq \cos x + 2 \leq 3$인 것을 알 수 있습니다. 다시 말해 $\cos x + 2 > 0$이므로 $2\cos x - 1 \geq 0$인 것이지요.

이것을 정리하면 $\cos x \geq \dfrac{1}{2}$ 이고, 이것을 만족하는 x의 범위를 구하기 위해 두 그래프 $y = \cos x$ $\cdots$① 와 $y = \dfrac{1}{2}$ $\cdots$② 을 그리면 아래 그림과 같은 것을 알 수 있습니다.

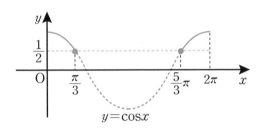

여기에서 두 그래프가 만나거나 ①의 그래프가 ②의 그래프보다 위에 있는 x의 범위를 구하면 $0 \leq x \leq \dfrac{\pi}{3}$, $\dfrac{5}{3}\pi \leq x \leq 2\pi$인 것을 알 수 있지요.

지금까지 삼각함수의 각의 크기를 미지수로 하는 방정식과 부등식인 삼각방정식과 삼각부등식에 대하여 살펴보았습니다. 삼각함수의 기본적인 내용을 알고 있다면 일반적인 방정식과 부등식의 풀이 방법에서 크게 벗어나지 않으므로 쉽게 이해하고 따라왔으리라 생각합니다.

그러나 수학은 이해하였다고 다 해결되는 것은 아니랍니다. 꼭 기억해야 하는 것들은 잘 외우고 있어야 하고, 여러 문제를 풀어 보고 잘 되지 않는 부분을 확인해 가는 과정을 통해 더 깊이 이해하고 적용할 수 있다는 사실을 잊지 말아야 한답니다. 그럼, 오늘은 여기까지 하도록 하지요!

일곱 번째 수업 정리

❶ 삼각방정식의 풀이 방법

먼저 $\sin x$, $\cos x$, $\tan x$가 혼합되어 있을 때는 한 종류의 삼각함수로 고치고 아래 두 가지의 방법으로 방정식을 풉니다.

1) 그래프 이용법

① 주어진 방정식을 $\sin x = a$ 또는 $\cos x = a$, $\tan x = a$로 고친다.

② $y = \sin x$ 또는 $y = \cos x$, $y = \tan x$와 $y = a$의 그래프를 그려서 두 그래프의 교점의 x좌표를 구한다.

2) 동경 이용법

문제의 조건에 알맞게 사분면 위에 동경을 그리고 해를 구한다.

❷ 삼각부등식의 풀이 방법

삼각부등식의 풀이 방법은 삼각방정식과 같이 그래프를 이용하거나 동경을 이용하여 구한 다음 문제에 알맞은 범위를 구해 주면 됩니다.

삼각함수의
응용

삼각함수가 우리 생활 주변에서
어떻게 활용되고 있는지 알아봅니다.

1. 삼각함수가 응용되는 몇 가지 예를 이해할 수 있습니다.
2. 실생활에 삼각함수가 많이 활용되고 있다는 사실을 알 수 있습니다.

미리 알면 좋아요

1. 특수한 삼각함수의 값

θ	$0°$	$30°$	$45°$	$60°$	$90°$
$\sin\theta$	0	$\dfrac{1}{2}$	$\dfrac{1}{\sqrt{2}}$	$\dfrac{\sqrt{3}}{2}$	1
$\cos\theta$	1	$\dfrac{\sqrt{3}}{2}$	$\dfrac{1}{\sqrt{2}}$	$\dfrac{1}{2}$	0
$\tan\theta$	0	$\dfrac{1}{\sqrt{3}}$	1	$\sqrt{3}$	정의되지 않음

2. 포물선 운동

포물선 운동이란 일정한 크기와 방향을 가지는 힘이 작용하는 공간에서 물체를 힘의 방향과 일정 각도를 이루어 던졌을 때 그 이동 경로가 포물선을 그리는 운동을 말합니다.

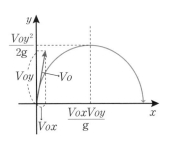

3. 푸리에 급수

직교좌표계에 의한 함수의 급수 전개 즉 임의의 주기함수를, 삼각함수로 구성되는 급수에 의하여 표현하는 것을 말합니다.

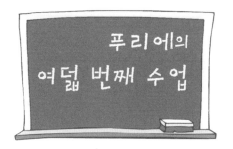

푸리에의
여덟 번째 수업

지난 시간에는 삼각방정식과 삼각부등식에 대하여 배워 보았지요? 오늘은 그동안 학습하느라 힘들었던 여러분들과 함께 야외로 나가 머리도 식히고 즐거운 시간을 보내며 마지막 수업을 하면 어떨까 싶습니다. 마침 여러분을 대표해서 한나와 영욱이라는 학생이 찾아왔네요. 그럼 한나와 영욱이, 그리고 나와 함께 즐거운 소풍을 떠나 봅시다.

얼마의 시간이 지나서 우리는 강변에 도착했습니다. 그때 영욱이가 강 건너 쪽에서 진행 중인 공 쏘기 대회에 참여하고 싶다고 하네요. 한나와 나는 한가롭게 강변을 산책하며 이야기를 나누고 싶었지만 영욱이의 성화에 어쩔 수 없이 배를 타고 강 건너편으로 가기로 결정했습니다.

배는 일정한 속도 시속 5km로 노를 저어 가야 하는 것이었습니다. 배를 타기 전, 영욱이는 공 쏘기 대회가 열리는 곳에 도착하기 위해 그림과 같은 수직경로를 선택하였습니다. 나는 옆에서 조언을 하고 싶었으나 그냥 웃고만 있었지요. 우리는 시속 5km의 속력으로 노를 저어 가기 시작했습니다.

그런데 얼마의 시간이 흐른 후 우리가 실제로 도착한 곳은 공 쏘기 대회가 열리는 곳이 아닌 장소에 도착하고 말았습니다. 아뿔싸! 그제야 한나와 영욱이는 무엇인가 잘못된 것을 알아차렸지요. 무엇이 잘못되었을까요? 여러분도 짐작하고 있지요? 영욱이는 힘도 들고 원하는 장소에 도착하지 못했다는 생각에 멍하니 바라만 보고 있는데, 한나가 배가 강의 흐름에 밀려 경로를 벗어나 엉뚱한 곳에 도착했다고 말했습니다. 맞습니다. 영욱이는 배가 진행할 때 강의 흐름에 영향을 받는다는 사실을 미처 생각하지 못한 것이지요.

푸리에가 들려주는 삼각함수 이야기

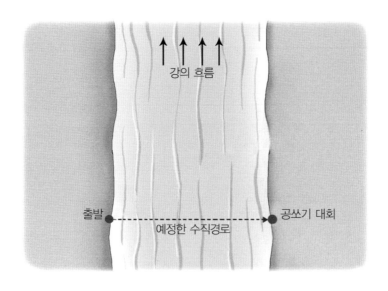

강의 흐름

출발 ←------ 예정한 수직경로 ------→ 공쏘기 대회

우리는 어쩔 수 없이 공 쏘기 대회가 열리는 곳으로 걸어가기로 했습니다. 강변 관리인에게 물어 보니 우리가 있는 곳에서부터 공 쏘기 대회가 열리는 곳까지의 거리는 2km라고 하네요. 그리고 배에 기록된 것을 보니 우리가 실제로 이동한 거리는 정확히 4km라고 표시되어 있습니다. 이때 우리가 원하는 곳으로 도착하지 못해 쑥스러워하는 영욱이에게 내가 한 가지 제안을 했지요. 우리가 계획된 경로에서 얼마나 빗나갔는지를 알아보자고 하였습니다. 영욱이는 문제를 정리하기 위해 그림을 그리고 곰곰이 생각하기 시작했습니다. 그리고 잠시 뒤 우리 배가 30°만큼 빗나

갔다는 사실을 밝혀냈습니다. 영욱이는 어떻게 그렇게 생각할 수 있었을까요?

푸리에가 들려주는 삼각함수 이야기

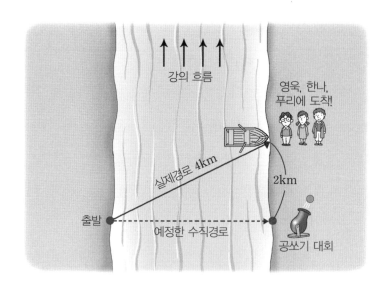

"선생님, 이 문제는 생각보다 매우 간단한 걸요. 그림에서 알수 있듯이 예정된 경로는 수직 거리였습니다. 그런데 실제 경로는 얼마 정도의 각도로 기울어져서 진행되었고 그 거리가 4km였습니다.

또 우리가 도착한 곳에서 공 쏘기 대회가 열리는 곳까지의 거리가 2km인 것을 알고 있으므로 직각삼각형의 두 변의 길이를 알고 있는 것이 되지요. 식으로 나타내면 $x^2+2^2=4^2$이 되고 따라서 $x=2\sqrt{3}$이 되는 것을 알 수 있습니다!

지금 제가 구한 것은 예정된 경로의 거리지요. 그런데 선생님

께서는 어느 정도 각도로 기울어져서 진행되었는가를 물으셨지요? 하지만 이것도 쉽게 구할 수 있어요.

왜냐하면 이 직각삼각형의 세 변의 길이를 보면 2km, $2\sqrt{3}$km, 4km인데 그 길이의 비는 $1:\sqrt{3}:2$입니다. 이러한 길이의 비를 갖는 직각삼각형은 아래의 그림과 같이 한 각이 30°, 또 다른 각이 60°인 삼각형이라는 것을 알 수 있어요. 결국 우리는 30°만큼 빗나가게 진행한 것이지요.

하하하! 원하는 곳에 도착은 못했지만 저도 이만하면 수학을 꽤 잘하지요?"

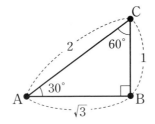

영욱이의 훌륭한 설명을 듣고 나서, 그렇다면 그 강은 도대체 얼마나 빠르게 흐르고 있었는지 질문을 이어갔습니다. 한참을 고민하던 영욱이는 잘 해결이 안 되는지 어려워하고 있습니다. 이때 한나가 손뼉을 치며 자기가 설명하겠다고 하네요.

직각삼각형 세 변의 길이 비를 이용하면 우리가 벗어난 각도는 30°라는 걸 알 수 있어요.

그런데요, 선생님. 우리의 계획을 무산시킨 강물이 흐르는 속도도 구할 수 있을까요?

그건, 삼각함수를 생각해 보면 돼. 배의 예정 경로를 나타내는 벡터를 v_1, 강의 속도를 나타내는 벡터를 v_2라고 하면, $v_2 = 5 \times \tan 30°$라는 식을 구할 수 있지.

그래요. 우리가 탔던 배의 속도는 5km/h라는 걸 알고 있으니까 $\tan 30°$의 값과 함께 대입하면, 그 값은 약 2.87이 된다는 걸 알 수 있답니다.

아… 그렇군요. 흠, 강이 흐르는 힘을 미처 생각하지 못했어.

"선생님, 이 문제는 우리가 전에 배웠던 삼각함수를 떠올리면 될 것 같아요. 이 문제에는 세 개의 속도 벡터가 등장합니다. 하나는 배의 예정된 경로를 나타내는 벡터 v_1이고, 다른 하나는 강이 흐르는 속도를 나타내는 벡터 v_2이고, 마지막은 배의 실제 경로를 나타내는 벡터입니다. 우리가 알고 있는 것은 벡터 v_1의 크기가 시속 5km라는 것이고 알고자 하는 것은 v_2이지요. 계산하면 이렇게 되고요.

$$\frac{v_2}{v_1}=\tan30°$$
$$v_2=5\times\tan30°=5\times\frac{1}{\sqrt{3}}≒2.87026$$

따라서 약 시속 2.87km의 속도로 강이 흘렀다는 것을 알 수 있어요."

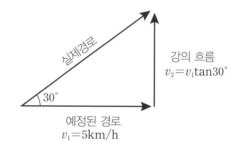

한나의 설명을 들으며 영욱이는 신기한 듯 고개를 끄덕였습니다. 이렇게 문제를 푸는 사이에 우리는 벌써 공 쏘기 대회가 열리는 장소에 도착했습니다. 신이 난 영욱이는 벌써부터 어떻게 하면 공을 멀리 쏠 수 있을지 고민을 하고 있네요. 공 쏘기 대회는 대포 모양으로 생긴 장치에 공을 넣고 초속 30m의 속도로 공을 쏘아 보내는 것입니다. 이때 발사 각도를 달리하여 공을 멀리 보

푸리에가 들려주는 삼각함수 이야기

내는 게임이었습니다.

영욱이는 잠시 생각에 잠기더니 다음과 같이 말하였습니다.

"선생님, 발사 각도를 너무 높이하면 공은 높이 떠오르겠지만 위로 올라가는데 에너지를 다 써 버리니까 멀리 날아가지 못할 거예요. 너무 낮게 쏘아도 금방 땅에 떨어지니까 멀리 날아가지 못할 것 같아요. 그리고 공을 발사시키는 처음 속도가 30m/s라고 했는데 그 초기 속도를 아래 그림과 같이 수평, 수직 벡터로 나누면 속도의 수직 성분은 $v_v = v_0 \sin A$가 되고, 속도의 수평 성분 $v_h = v_0 \cos A$라고 할 수 있을 것 같아요. 그렇지만 공이 날아간 거리와 발사 각도의 관계를 정확히 모르겠어요."

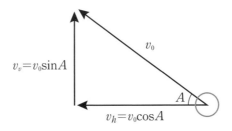

한나도 옆에서 자신의 생각을 말하였습니다.

"맞아요, 선생님. 그리고 잘은 모르겠지만 중력이 작용하기 때문에 그것의 영향을 생각해야 할 것 같아요. 그리고 만약에 발사 각을 0°로 쏜다면, 발사 속도는 35m/s였으므로 공이 날아간 시간만 알면 공이 날아간 거리도 알 수 있을 것 같아요. 왜냐하면 거리는 '속력×시간'이므로 식을 써 보면 $d=v_0t$라고 할 수 있을 것 같아요. 하지만 발사 각도에 따라 거리가 어떻게 되는가는 정확히 모르겠어요."

그래서 내가 설명을 시작하였습니다. 사실 한나와 영욱이가 문제를 해결하기 위한 중요한 단서들을 많이 발견하였습니다. 그런데 물리학적 지식이 조금 부족하여 문제를 정확히 해결할 수 없었던 것이지요.

어떤 물체를 위로 똑바로 던졌건 비스듬히 던졌건, 물체가 땅에 떨어질 때까지 걸린 시간은 $t=\dfrac{2v_v}{g}$입니다. 또한 물체를 수평으로 던졌느냐 아니냐에 상관없이 물체가 날아간 거리는 $d=v_h t$이지요. 그러면 이 두 공식을 합치면 아래의 ①, ②, ③ 식과 같이 된답니다.

$d=v_h t \cdots ①$

푸리에가 들려주는 삼각함수 이야기

$$d = v_h \frac{2v_v}{g} \cdots ② \quad \hookleftarrow \quad t = \frac{2v_v}{g} \text{ 대입}$$

$$d = \frac{2v_h v_v}{g} \cdots ③$$

그런데 $v_h = v_0 \cos A$, $v_v = v_0 \sin A$라고 하였으므로 이것을 ③ 식에 대입하면,

$$d = \frac{2(v_0 \sin A)(v_0 \cos A)}{g}$$

$$d = \frac{v_0^2}{g} 2\sin A \cos A = \frac{v_0^2}{g} \sin 2A$$

라는 공식이 되는 것을 알 수 있습니다. 잘 이해할 수 있겠죠? 그렇다면 발사 각도가 얼마일 때 가장 멀리 보낼 수 있을까요? 모두들 발사 각도가 45°일 때 가장 멀리 보낼 수 있다는 것을 쉽게 알 수 있겠지요?

나의 설명이 끝나자 쉽게 문제를 해결한 영욱이는 결국 공을 가장 멀리 날아가도록 하여 우승을 차지하게 되었습니다. 정말 기특한 학생입니다. 영욱이와 한나 그리고 나는 기쁘고 뿌듯한 마음으로 간단한 음료수를 마시며 쉬자고 하였습니다. 우리는 모두 시원한 음료를 마시고 있었는데, 강변 한쪽 광장에서 기타 연

주를 하는 사람이 있군요. 우리는 모두 즐거운 마음으로 음악 감상을 하였습니다. 나는 음악을 감상하며 삼각함수에 대해 좀 더 이야기해 주면 좋겠다고 생각이 되어 이야기를 시작하였습니다.

지금 우리가 음악을 들을 수 있는 것도 기타 줄이 진동하면서 주위의 공기 분자들을 앞뒤로 밀어내기 때문이랍니다. 그러면 그

푸리에가 들려주는 삼각함수 이야기

공기 분자들은 또 옆의 공기 분자들을 밀어내고 일종의 연쇄작용이 일어나서 우리 귀 근처의 공기 분자까지 진동이 전달되어 결국 우리 귀의 고막이 진동해서 소리를 듣게 되는 것이지요. 다시 말해 소리는 파동입니다. 파동은 주기함수이고요. 마치 물에서 파도가 퍼져 나가는 것처럼 눈으로 볼 수는 없지만 소리도 공기를 통해 파동으로 퍼져 나가는 것입니다.

그런데 그러한 소리 파동은 여러 가지 주파수로 이루어져 있습니다. 주파수라는 것은 진동 운동에서 물체가 일정한 왕복 운동을 지속적으로 반복하여 보일 때 단위 시간당 반복 운동이 일어난 횟수를 말합니다.

지금 우리가 듣고 있는 기타를 생각해 보죠. 기타를 조율할 때 어떻게 하는지 다들 잘 알고 있죠? 기타의 끝 부분에 있는 나사를 돌려서 줄의 팽팽함 정도를 조정하는 것을 본 일이 있을 겁니다. 주파수를 바꾸기 위해서는 일반적으로 진동체의 질량이나 크기 그리고 장력 등을 바꾸는데 기타의 경우에서는 줄의 팽팽함, 즉 장력을 조절함으로써 진동수, 즉 소리의 높낮이를 변화시킨답니다. 관악기의 경우에는 공기의 진동관의 길이에 변화를 주거나, 관에 있는 구멍을 열거나 닫음으로써 음파의 진동수를 높이

거나 낮추게 됩니다.

또한 우리가 듣는 음악이라는 것은 하나의 기초 주파수로 만들어지거나 아니면 그 기초 주파수의 배수인 주파수들을 섞어서 만들어집니다. 이 주파수들을 화성이라고 하지요. 음의 느낌은 어떤 화성들이 조합되었느냐에 따라 달라지기도 해요. 그리고 같은 음이라도 서로 다른 악기에서 나오면 달라지게 되어 있죠. 왜냐하면 화성의 조합이 틀리기 때문입니다.

자, 이렇게 지금 우리가 듣고 있는 아름다운 음악도 우리가 배운 내용을 정리해서 수학적으로 표현할 수 있게 되는 것이랍니다. 음악을 수학적으로 표현할 수 있다니 정말 아름답지요? 이러한 내용을 깊이 연구하는 학문을 음향학이라고 하고 지금도 많은 연구가 진행되고 있답니다.

참! 그런데 이러한 학문의 기본이 되는 원리가 무엇인지 알고 있나요? 그것은 "모든 주기 함수는 여러 가지 주파수의 사인곡선들을 더해서 표현할 수 있다"라고 하는 '푸리에의 정리'에서 비롯된답니다. 험험~! 내가 얼마나 삼각함수의 발전과 그 응용 분야의 발달에 큰 공헌을 하였는지 이제야 알겠죠?

한나, 영욱이와 함께 즐거운 소풍을 마무리하며 삼각함수에 대

푸리에가 들려주는 삼각함수 이야기

해 공부한 내용을 정리하고 또 삼각함수가 실제 어떻게 응용될
수 있는지 생각할 수 있는 좋은 시간을 보낸 하루였습니다. 여러
분들도 즐겁고 유익한 시간이 되었을 것이라 믿습니다. 앞으로
더욱 열심히 공부하여 나보다 더욱 훌륭한 수학자, 과학자들이
되기를 소망하며 모든 수업을 마치도록 하겠습니다.

:. 여덟 번째
수업 정리

① 포물선운동

공이 날아가는 초기 각도를 조절해서 제어할 수 있는 경우, 공기와의 마찰 등 중력 외의 외력을 고려하지 않을 때 지면과 45도의 각도를 이루도록 물체를 던지면 가장 멀리 날아갑니다.

② 음파

모든 주기함수는 여러 가지 주파수의 사인곡선들을 더해서 표현할 수 있습니다. 이것을 푸리에 정리라고 합니다.